肉羊
健康养殖及产品利用

王净 穆秀明 史利军 主编

U0228857

化学工业出版社
·北京·

图书在版编目（CIP）数据

肉羊健康养殖及产品利用/王净，穆秀明，史利军主
编. —北京：化学工业出版社，2022.1
ISBN 978-7-122-40200-4

Ⅰ.①肉… Ⅱ.①王… ②穆… ③史… Ⅲ.①肉用羊-
饲养管理 Ⅳ.①S826.9

中国版本图书馆 CIP 数据核字（2021）第 218881 号

责任编辑：邵桂林　　　　　　　　装帧设计：关　飞
责任校对：王　静

出版发行：化学工业出版社（北京市东城区青年湖南街 13 号
　　　　　邮政编码 100011）
印　　装：三河市延风印装有限公司
850mm×1168mm　1/32　印张 7¼　字数 181 千字
2022 年 1 月北京第 1 版第 1 次印刷

购书咨询：010-64518888　　　　售后服务：010-64518899
网　　址：http://www.cip.com.cn
凡购买本书，如有缺损质量问题，本社销售中心负责调换。

定　　价：39.80 元　　　　　　　　版权所有　违者必究

编写人员名单

主　编　王　净　　穆秀明　　史利军

副主编　冯　涛　　李亚奎　　于小杰　　李占丽　　崔宏宇

其他参编人员（按姓氏笔画排序）

于　超　　马　飞　　王　芳　　王　晶　　王　鹏　　王大伟
王化林　　王丽霞　　王思敏　　王莉卿　　邓小军　　石喜山
叶和平　　兰进京　　任丽琴　　刘秀英　　许　袖　　孙丰梅
孙秀芳　　杨江峰　　李建立　　宋景萍　　张　雷　　张东旭
张致猛　　陈　一　　陈四海　　陈登峰　　武建斌　　范志军
周国玺　　赵晓锟　　赵新明　　郝丽云　　郭晶晶　　韩　余
蔡泽川

主　审　孔祥浩　　魏玉文

前言

　　养羊业在畜牧业生产中有举足轻重的地位。近几年，随着国民膳食结构的优化和动物性产品消费量的提高，羊肉逐渐成为我国居民动物性食品的重要组成部分，消费趋势从区域性和季节性向全国性和无季节化转变，市场供不应求，极大地促进了肉羊产业的发展。随着羊产业智能化发展和羊肉产品需求量的增加，我国肉羊养殖正步入新的发展阶段。但是，我国肉羊产业发展起步较晚，基础薄弱，和发达国家相比仍存在较大差距。

　　为了提高养羊户和相关技术人员的养殖技术，遵从"养大于防，防大于治"的理念，更新养殖观念，编写组针对养殖中存在的问题，根据多年的理论和实践经验成稿。本书从肉羊品种介绍、健康养殖及羊场建设、饲养管理与饲料配制、繁育技术、养殖智能化技术与装备、肉羊产品及利用等具体内容进行阐述，注重科学性、实践性和先进性，尤其增加了智能养殖和产品加工内容，以促进我国肉羊产业快速发展。本书可作为肉羊养殖户、合作社、企业及其相关行业企业家的参考用书，同时也可作为畜牧兽医相关领域学生、研究人员的参考资料。

　　参加本书编写的人员来自以下单位：河北北方学院（王净、穆秀明、李亚奎、于小杰、王鹏、孙丰梅、王丽霞、陈一、赵晓锟、杨江峰、张雷、张致猛），中国农业科学院北京畜牧兽医研究所（史利军），北京市农林科学院（冯涛、王晶），北京农业职业学院（蔡泽川），张家口市农业综合行政执法支队（崔宏宇、郝丽云、王大伟、武建斌、周国玺、赵新明），张家口市宣化区农业农村局（韩余、王思敏、于超、郭晶晶、孙秀芳、张东旭），张家口市动物疫病预防控制中心（李占丽、马飞），保定市唐县农业农村局（李建立），张家口市畜牧技术推广站（许袖），张家口兰海畜牧养殖有限公司（兰进京），张家口市万全区农业农村局（任丽琴、王化林），张家口市康保县农业农村局（范志军、王芳、邓小军、刘秀英、宋景萍），张家口市阳原县农业农村局（陈四海、石喜山），张家口市经济开发区老鸦庄镇政府（王莉卿），承德市丰宁满族自治县农业农村局（叶和平），邢台市威县农业农村局（陈登峰）。

本书编写过程中得到河北北方学院孔祥浩教授和张家口市农业综合行政执法支队魏玉文研究员的悉心指导，提出了诚恳的修改意见并审定了全书，在此表示诚挚的谢意。

本书出版得到河北省创新能力提升计划项目"宣化区肉羊产业科技示范基地（20536601D）"，河北省重点研发计划项目"山区肉羊绿色高效利用模式研究与示范（20326629D）"，河北省重点研发计划项目"肉用绵羊高效繁殖技术研究与应用（18236609D）"，"河北省肉羊产业技术创新战略联盟后补助经费"等课题资助。

由于编者水平有限，书中难免有不妥之处，敬请读者和同行批评指正。

编者

2022 年 1 月

目 录

第一章
肉羊品种介绍

我国幅员辽阔，品种资源丰富，各个品种均有其特点及适应性。在肉羊养殖中，应以我国绵、山羊品种资源为基础，引进国外优秀肉羊品种开展经济杂交，杂种羊进行肥育出栏。充分发挥优良肉羊品种的优势，给肉羊养殖带来更大的经济效益。

第一节　肉羊的基本特征

肉羊具有成熟早、体重大、生长发育快、繁殖力高和肉质好的特点。

一、体型和外貌特征

肉羊体形侧看呈长方形，正看呈圆桶状。四肢相对较短，前后肢开张良好，两后腿后视呈倒 U 形。皮肤薄而松软，褶皱少，皮下结缔组织及脂肪含量较高。头宽短，颈短粗，胸宽深，肋骨开张良好。背腰平直且宽，后躯丰满。

二、生理特点和生产性能

1. 早熟性

肉羊的早熟是指生长发育早熟和性早熟。性早熟可使肉羊提早利用，生长发育早熟可缩短肉羊的生长期。

早熟性是取得饲养肉羊经济效益的关键，在生产中要加以重视。目前市场上生产的大量羔羊肉就是利用了肉羊的生长发育早熟的特点，在出栏前最大限度地发挥出生长发育潜力，以获得最大的体重和较高的产肉量。不具备生长发育早熟的品种，早期生长发育迟缓，出栏时与成年体重相差较大，达不到出栏标准，如果延长饲养时间，增加饲养成本，必将影响经济效益。品种也是影响性成熟和初配年龄的主要因素，我国的一些地方绵羊品种（小尾寒羊、湖羊等）在5～7月龄就可达到性成熟，有些山羊品种（徐淮山羊、马头山羊）在4～6月龄就能发情配种，周岁内就可产羔。利用这种性早熟的特性可加快羊群的扩增速度和提高种质资源的利用年限。

2. 体重大，生长速度快

肉羊品种的共同特点是体重大、生长速度快。在良好的饲养条件下，肉用绵羊品种的羔羊在3～6月龄时，一般日增重可达250～300克，1.5岁公羊体重可达100～110千克、母羊60～70千克，且出肉率较高，屠宰率一般在50%以上。

3. 繁殖力高

高繁殖力是肉羊品种的一个重要性状，主要表现为性成熟早、常年发情、一胎多羔、哺乳性强等特点。好的品种产羔率在200%以上，在正常的饲养管理条件下，可实现母羊一年两胎、两年三胎或三年五胎，缩短母羊的繁殖周期，快速增加羊只数量。

4. 肉质好

肉羊的最终产品是羊肉，因而要求品种必须具备肉质好的特性。无论是羔羊肉或大羊肉，都要求肌纤维细嫩，脂肪较少并均匀分布在肌纤维之间，肉汁多，无膻味或膻味小。从胴体形态看，体表覆盖的脂肪不厚且分布均匀，肌肉丰满。

第二节　肉用绵羊品种

一、引进的肉用绵羊品种

1. 萨福克羊

（1）**产　地**　原产于英国，现分布于北美、北欧、澳大利亚、新西兰和中国。该品种 1859 年育成，属大型肉羊品种。

（2）**外貌特征**　萨福克羊公母均无角，头短而宽，鼻梁隆起，颈长而宽厚，胸宽深，背腰平直，后躯发育丰满。成年羊头、耳及四肢为黑色，被毛有有色纤维。体格较大，四肢粗壮结实。

（3）**生产性能**　成年体重：公羊 90～105 千克，母羊 65～70 千克。早熟性好，羔羊早期生长发育快，产肉性能和胴体品质好，瘦肉率高，肉嫩脂少，是生产优质羔羊肉的理想品种。公母羊初情期均在 6～7 月龄，初次配种公羊 10～12 月龄，母羊 8～10 月龄。母羊常年发情，秋季较为集中，产羔率初产羊 110％，经产羊 140％。

（4）**应用状况**　我国从 20 世纪 70 年代起先后从澳大利亚、新西兰等国引进，主要分布在新疆、内蒙古、甘肃、宁夏、吉林、山东、山西、河北、北京等省、市、自治区，适应性和杂交改良效果显著，应用前景很好。

2. 白萨福克羊

（1）**产地** 该品种1977年育成于澳大利亚。

（2）**外貌特征** 体型与萨福克羊相近，但头、耳及四肢均为白色，故称其为"白头萨福克"。

（3）**生产性能** 成年体重：公羊100～135千克，母羊70～90千克。早熟性好，生长发育快，肉质好，4月龄羊胴体重24千克。产羔率150%～190%。

（4）**应用状况** 我国引进的白萨福克羊主要分布在内蒙古、甘肃、辽宁、河北、北京等省、市、自治区，表现出良好的适应性，杂种羔羊具有明显的肉用体型，而且采食性广，耐粗饲，比较适宜在我国北方地区饲养。

3. 杜泊羊

（1）**产地** 原产于南非。

（2）**外貌特征** 杜泊羊分长毛型和短毛型。长毛型羊生产地毯毛，较适应寒冷的气候条件；短毛型羊毛短，可季节性脱毛，被毛没有纺织价值，但能较好地抗炎热和雨淋。杜泊羊有黑头和白头两种，大部分无角，体形大，胸宽深，后躯丰满，四肢粗壮结实。

（3）**生产性能** 成年体重：公羊90～120千克，母羊70～90千克。杜泊羊早熟，生长发育快，胴体瘦肉率高，肉质细嫩多汁，膻味轻，口感好，特别适合肥羔生产，被国际誉为"钻石级"绵羊肉。其繁殖表现主要取决于营养和管理水平，因此在年度间、种群间和地区之间差异较大。正常情况下母羊可常年发情，产羔率为140%，但在良好的饲养管理条件下，可实行两年三产，产羔率达180%。母羊泌乳性能好，护羔性好。杜泊羊的适应性、抗逆性很强，耐粗饲。

（4）**应用状况** 我国于2001年引进该品种，主要分布在山东、山西、河南、河北、北京、天津、辽宁、陕西、宁夏、甘肃、内蒙古等省、市、自治区。该品种对炎热、干旱、潮湿、寒冷多种气候条件有良好的适应性,与当地羊杂交,取得良好效果。

4. 澳洲白羊

(1) **产地** 澳洲白羊原产于澳大利亚,是国外最新培育的专门化粗毛型肉羊品种,2009 年在澳大利亚注册,2011 年 3 月正式在澳大利亚上市。

(2) **外貌特征** 公、母羊均无角,体格较大,体躯长宽深,肋骨开张良好。背腰平直,肌肉强健。澳洲白羊脂肪薄而均匀,肌肉手感结实而突出。全身被毛白色,四肢健壮。

(3) **生产性能** 2 岁体重:公羊 122 千克,母羊 70 千克。性成熟早,四季发情,7 月龄可配种,繁殖能力强,产羔率初产羊110%,经产羊150%。具有生长速度更快、产肉性能更好、更耐粗饲,抗寒能力和抗寄生虫能力强等特点。在放牧条件下,5~6 月龄羔羊胴体重可达 23 千克;在舍饲条件下,6 月龄胴体重可达 26 千克,且脂肪覆盖均匀,优质肉比例高,羊肉质量在 2012 年澳大利亚皇家农业展羊肉品尝比赛中获得金牌和银牌。

(4) **应用状况** 我国于 2011 年引进该品种,主要分布在天津、内蒙古、甘肃、山东、山西、河北等省、市、自治区。适应农区和牧区不同的养殖环境,尤其是高寒地区。在与湖羊、寒羊等多胎品种的杂交组合中用作终端父本;在与其他品种的杂交组合中用作轮回杂交。

5. 夏洛莱羊

(1) **产地** 原产于法国中部。

(2) **外貌特征** 公、母羊均无角,额宽,头部无毛,脸部呈粉红色或灰色,耳大,颈短粗,肩宽平,胸宽而深,肋部拱圆,背部肌肉发达,体躯呈圆桶状,身腰长。四肢较短,两后肢距离大,肌肉发达,呈倒 "U" 字形。被毛同质,均匀度有时较差,毛白色。

（3）**生产性能**　成年体重：公羊100～150千克，母羊75～95千克。夏洛莱羊早熟、耐粗饲、采食能力强，对寒冷潮湿或干热气候表现出较好的适应性。4～6月龄羔羊胴体重20～23千克，胴体质量好，瘦肉多，脂肪少，屠宰率在55%以上。产羔率高，经产母羊为182%，初产母羊为135%。

（4）**应用状况**　我国于20世纪80年代引入夏洛莱羊，主要饲养在河北、河南、山西、辽宁、内蒙古等地，与当地品种母羊杂交，获得了较好的效果。但该品种也存在皮薄、抗寒性差的缺点，杂交后代出生阶段被毛短，不能有效地抵御高寒牧区的严寒和风雪的袭击。

6. 无角陶塞特羊

（1）**产地**　原产于澳大利亚和新西兰。

（2）**体型外貌**　公、母羊均无角，头短而宽，颈粗短，胸宽深，背腰平直，后躯丰满，躯体呈圆桶状。四肢粗短，体质结实，被毛白色。

（3）**生产性能**　该品种早熟，生长发育快，具有全年发情和耐热及适应干燥气候的特点。成年体重：公羊90～100千克，母羊55～65千克。经过肥育的4月龄羔羊胴体重，公羔为22千克，母羔为19.7千克。胴体品质和产肉性能好，产羔率平均为150%以上。

（4）**应用状况**　20世纪80年代以来，新疆、内蒙古、甘肃、北京、河北等省、市、自治区先后从澳大利亚和新西兰引入该品种。饲养结果表明，该品种羊基本能适应我国大多数省区的草原和农区饲养条件，更适合舍饲。以此品种羊作终端父本对我国的地方品种进行杂交改良，可以显著提高产肉力和胴体品质，特别是利用羔羊生长发育快的特性进行肥羔生产，潜力巨大。

7. 特克塞尔羊

（1）**产地**　原产于荷兰。目前比利时、卢森堡、丹麦、德国、法国、英国、美国、新西兰等国都有该品种。

（2）**外貌特征**　白脸，头、腿无绒毛，体格大，颈中等长、较粗，胸圆，鬐甲平，背腰平直而宽，肌肉丰满，后躯发育良好。

（3）**生产性能**　特克塞尔羊寿命长，对寒冷气候有良好的适应性。成年体重：公羊115～130千克，母羊75～80千克。产羔率150%～160%，母羊泌乳性能良好。早期生长发育快，羔羊70日龄前平均日增重为300克，在最适宜的草场条件下120日龄的羊体重达40千克，6～7月龄达50～60千克，屠宰率54%～60%。该品种羔羊肉品质好，肌肉发达，瘦肉率和胴体分割率高，市场竞争力强。

（4）**应用状况**　自1995年以来，我国黑龙江、宁夏、北京、河北和甘肃、江苏等省、市、自治区先后引进该品种，对寒冷气候有良好的适应性。用特克塞尔羊与湖羊、小尾寒羊及其他品种羊杂交，效果非常显著，可用作生产肥羔的终端父本。

8. 德国肉用美利奴羊

（1）**产地**　原产于德国，是世界著名的细毛型肉用羊品种之一。

（2）**外貌特征**　体格大，成熟早，胸深宽，背腰平直，肌肉丰满，后躯发育良好。被毛白色，密而长，弯曲明显。公、母羊均无角，颈部及体躯皆无皱褶。

（3）**生产性能**　成年体重：公羊100～140千克，母羊70～80千克。羔羊生长发育快，日增重300～350克，130天屠宰，活重可达38～45千克，胴体重18～22千克，屠宰率47%～51%。毛密而长，弯曲明显，主体细度60～64支纱。繁殖力强，性早熟，产羔率150%～250%。

（4）**应用状况**　该品种于20世纪50年代后多次引入我国，主要饲养在东北三省、内蒙古、陕西、甘肃、青海、新疆等省、自治区。该品种对干燥气候、降水量少的地区有良好的适应能力且耐粗饲。与细毛羊和粗毛羊杂交，后代生长发育快，产肉性能好，是我国细毛羊产区发展肉羊产业的最佳父系品种。目前我国已利用其为父本，采用杂交育种的方法，选育出巴美肉羊、昭乌达肉羊、察哈尔羊等肉毛兼用型羊新品种。

9. 南非肉用美利奴羊

（1）产地　南非肉用美利奴羊是一个肉毛兼用型品种，是生产兼有高支细毛的早期育肥羔羊专用品种，原产于南非。

（2）外貌特征　南非肉用美利奴羊体质结实，体格大，结构紧凑。头长短适中，鼻梁略凸，颈部及体躯皆无皱褶，公、母羊均无角。胸宽深，背腰平直，肌肉丰满，后躯发育良好。被毛白色、同质，不含死毛。

（3）生产性能　成年体重公羊 $100\sim135$ 千克、母羊 $75\sim80$ 千克。放牧条件下，100 日龄羊平均活重 35 千克；舍饲条件下，100 日龄公羊活重可达 56 千克。6 月龄羊屠宰率 48%，周岁羊 50%，净肉率 $41\%\sim45\%$。在正常饲养管理条件下，公母羊 8 月龄性成熟，$12\sim18$ 月龄初次配种，平均产羔率 150%，母羊泌乳量高，母性好。成年剪毛量公羊 $4.5\sim6$ 千克、母羊 $3.4\sim4.5$ 千克，净毛率 $45\%\sim67\%$，羊毛细度 $66\sim70$ 支纱。

（4）应用状况　南非肉用美利奴羊于 20 世纪 90 年代引入我国，主要饲养在新疆、内蒙古、甘肃、吉林和宁夏等省、自治区。该品种羊耐干旱，耐粗饲，适应性强。我国已利用其为父本，采用杂交育种的方法，在新疆与中国美利奴母羊杂交，培育出中国美利奴羊肉用品系；在甘肃与高山细毛羊进行杂交，以期培育出适合高寒牧区的天祝肉用美利奴新品种（系）；在吉林与东北细毛羊杂交，已培育出乾华肉用美利奴羊。

南非肉用美利奴羊具有体格大、生长发育快、产肉多、繁殖力高、被毛品质好等优点，与细毛羊和粗毛羊杂交改良效果明显，今后要加强选育，发挥其在养羊业中的作用。

二、我国的肉用绵羊品种

（一）培育品种

1. 阿勒泰肉用细毛羊

（1）**产地** 阿勒泰肉用细毛羊是由新疆生产建设兵团农 10 师 181 团培育的我国第一个肉用细毛羊品种。该品种是在原杂种细毛羊的基础上，导入林肯羊和德国美利奴羊血统选育而成。1993 年 9 月通过农业部鉴定，1994 年由新疆生产建设兵团正式命名。

（2）**外貌特征** 该品种羊体质结实，公、母羊均无角，体躯呈圆桶形，肉用体型明显。背毛白色，羊毛同质。

（3）**生产性能** 该羊生长发育快，成熟早，体格大，成年体重：公羊107.3 千克，母羊 55.54 千克。在良好的饲养条件下，6 月龄公羔体重达 49.7 千克，周岁为 77.3 千克，屠宰率50.25％以上，净肉重 17.24～17.55 千克，瘦肉重 13.41～14.70 千克，骨肉比 1：(3.4～4.41)。母羊的繁育率为 120％。

阿勒泰肉用细毛羊对高纬度寒冷地区有良好的适应性，既能适应高山放牧，也能在平原舍饲。产肉性能和羊肉品质均较突出，该品种符合工厂化高效养羊生产对品种特性的要求，适应集约化饲养。

2. 巴美肉羊

（1）**产地** 巴美肉羊是内蒙古巴彦淖尔市经过 40 多年的不懈努力精心培育成的肉羊新品种。本品种于 2007 年 5 月 15 日通过国家畜禽资源委员会审定验收并正式命名。

（2）**外貌特征** 巴美肉羊体格较大，体质结实，结构匀称，公、母羊均无角。胸部宽而深，背部平直，臀部宽广，肌肉丰满，肉用体型明显。四肢结实，相对较长。被毛白色，细度均匀，以60～64支纱为主。

（3）生产性能　巴美肉羊生长发育速度较快，产肉性能高，成年体重：公羊101.2千克，母羊71.2千克。育成羊体重：公羊71.2千克，母羊50.8千克。羔羊初生重4.7～4.3千克。产肉性能较好，成年羊屠宰率在50%以上。性成熟早，公羊8～10月龄，母羊5～6月龄。初配年龄：公羊10～12月龄，母羊7～10月龄。母羊基本为季节性发情，一般集中在8～11月份，产羔率126%。

巴美肉羊具有耐粗饲、采食能力强且范围广、繁殖率较高、性成熟早等特点，适合农牧区舍饲半舍饲饲养。

3. 昭乌达肉羊

（1）产地　昭乌达肉羊是应用杂交育种方法培育的肉毛兼用品种，产于内蒙古自治区赤峰市。该品种最终以改良细毛羊为母本、德国肉用美利奴羊为父本进行杂交，经过漫长的选育过程，于2011年通过国家畜禽遗传资源委员会审定，2012年3月2日由中华人民共和国农业部公告第（1731）号正式颁布。2015年6月通过中华人民共和国农产品地理标志登记，依法实施保护。

（2）外貌特征　体格较大，体质结实，结构匀称，胸部宽而深，背部平直，臀部宽广，肌肉丰满，肉用羊体型特征明显。公、母羊均无角，颈部无皱褶或有1～2个不明显的皱褶，被毛白色，头毛至两眼连线、前肢至腕关节、后肢至飞节均有细毛覆盖。密度适中，细度均匀，以64支纱为主。

（3）生产性能　生长发育较快，成年体重：公羊95千克，母羊55千克。产肉性能较好，6月龄公羊屠宰后胴体重18.9千克，屠宰率46.4%，净肉率76.3%，12月龄羯羊屠宰后胴体重35.6千克，屠宰率49.8%，胴体净肉率76.9%。繁殖率较高，产羔率：

初产母羊 126.4%，经产母羊 137.6%，在加强补饲的情况下，母羊可达 2 年 3 产。

昭乌达肉羊适应性强，适于牧区、半农半牧区草原环境条件下夏秋放牧、冬春补饲的饲养方式，具有肉毛兼用、肉用特征明显、胴体肉质好、生长发育快、抗逆性强、死亡率低、采食范围广等特点。

4. 察哈尔羊

（1）**产地**　察哈尔羊是在内蒙古自治区锡林郭勒盟南部，以内蒙古细毛羊为母本、德国肉羊美利奴为父本，经多年选育而成的肉毛兼用新品种。2013 年 9 月 24 日通过国家畜禽遗传资源委员会审定，2014 年 1 月 27 日正式命名。2016 年 7 月 4 日，国家质检总局批准对"察哈尔羊肉"实施地理标志产品保护。

（2）**外貌特征**　头清秀，面部修长，体格较大，四肢结实，结构匀称，胸宽深，背长平，后躯宽广，肌肉丰满，肉用体型明显。公、母羊均无角，颈部无皱褶或有 1～2 个不明显的皱褶，被毛白色，头毛至两眼连线、前肢至腕关节、后肢至飞节均有细毛覆盖。密度适中，细度均匀，以 60～64 支纱为主。

（3）**生产性能**　生长发育较快，成年体重：公羊 92 千克，母羊 65 千克。产肉性能较好，6 月龄公羊屠宰后胴体重 21.2 千克，屠宰率 47.4%，净肉率 47.4%，30 月龄母羊屠宰后胴体重 33.3 千克，屠宰率 50.0%，净肉率 38.2%。繁殖率较高，产羔率：初产母羊 126.4%，经产母羊 147.2%。初情期公羊 8 月龄，母羊 6 月龄。

察哈尔羊是肉毛兼用羊，生长发育快，繁殖率高，耐粗饲，适应性强，产肉性能高，肉质好，适合干旱半干旱草原放牧加补饲饲养。察哈尔羊肉具有"羔羊肉肉色鲜红、脂肪呈乳白色、肌纤维细、有大理石花纹、熟肉口感细嫩、无膻味"的特点，是低脂肪高蛋白健康食品，深受消费者喜爱。

5. 鲁西黑头羊

（1）产地　鲁西黑头羊是在山东省聊城市，以黑头杜泊羊为父本、小尾寒羊为母本，采用常规动物育种技术与分子标记辅助选择相结合的方法，历时 18 年培育而成的一个专门化肉羊新品种。2018 年 1 月 8 日经国家畜禽品种委员会审定，由中华人民共和国农业部公告并颁发鲁西黑头羊新品种证书【（农 03）新品种证字第16 号】。

（2）外貌特征　鲁西黑头羊头颈部被毛黑色，体躯被毛白色。头清秀、鼻梁隆起，耳大稍下垂，颈背部结合良好。胸宽深、背腰平直、后躯丰满、四肢较高且粗壮，蹄质坚实，体躯呈桶状结构。公、母羊均无角，瘦尾。

（3）生产性能　鲁西黑头羊生长发育快，3 月龄体重：公羊32.6 千克，母羊 30.8 千克。6 月龄体重：公羊 49.4 千克，母羊46.3 千克。周岁体重：公羊 92.2 千克，母羊 75.9 千克。成年体重：公羊 102.8 千克，母羊 81.4 千克。繁殖性能强，育种群产羔率：初产母羊 192.1%，经产母羊 222.2%。育种群羔羊断奶成活率：初产母羊 96.7%，经产母羊 96.9%。产肉性能好，3 月龄断奶，公羊育肥 2 个月体重达到 49.1 千克，胴体重 27.4 千克，屠宰率 56.6%，肉骨比 4.7∶1，胴体净肉率 82.6%，肌纤维 18.9 微米，眼肌面积 24.1 平方厘米。

鲁西黑头羊具有体躯高大、生长速度快、产肉性能好、繁殖率高、适应性强的特点，是适合我国北方农区气候条件和舍饲圈养条件的专门化肉用绵羊新品种。目前已推广到新疆、内蒙古、吉林、河北、天津、河南、山西、安徽等 8 个省、市、自治区。

6. 乾华肉用美利奴羊

（1）产地　吉林省自 2003 年起以南非肉用美利奴羊为父本、

东北细毛羊为母本，采用常规与现代生物育种技术相结合的方式，经过10余年的努力育成了产肉性能高、羊毛品质优、抗逆性强的乾华肉用美利奴羊。2018年9月经中华人民共和国农业农村部公告（第63号），国家畜禽遗传资源委员会审定并颁发证书（农03新品种证字第17号）。

（2）外貌特征 面部鼻骨稍微隆起，体质结实、结构匀称，体躯宽深而长、鬐甲宽平、背腰宽平而直、尻部宽而平，后躯丰满、肋骨呈拱形开张，四肢结实而端正，两前肢间距较大；被毛着生于头部至两眼连线、前肢至腕关节、后肢至飞节，体躯被毛闭合良好，腹部被毛着生良好。公、母羊均无角。

（3）生产性能 乾华肉用美利奴羊的体重：初生公羔4.11千克、母羔4.03千克；3月龄断奶公羔34.92千克、母羔31.07千克。12月龄公羊81.13千克、母羊66.75千克；24月龄公羊124.78千克、母羊103.25千克。日增重：0～3月龄的公、母羊分别为342.33克、300.44克；3～12月龄的公、母羊分别为171.14克、131.04克；12～24月龄的公、母羊分别达到121.25克、101.39克。无论是育成期还是成年羊屠宰率均在50%以上，胴体净肉率均在70%以上，眼肌面积超过18平方厘米，表明乾华肉用美利奴羊具有极高的产肉性能。繁殖性能：在东北农牧交错区域内的全年舍饲条件下，公、母羊性成熟年龄为5～7月龄，初配年龄在18月龄，母羊发情主要集中于8月下旬至9月中旬；初产和经产母羊的产羔率分别为125.23%和150.21%，羔羊成活率分别为93.12%和95.26%。

该品种适应我国中东部农牧交错带的生态条件，将对农牧交错带发展以"保毛增肉"为目标的肉羊产业和国产细羊毛的自给能力提供巨大的种源保证。

7. 黄淮肉羊

（1）产地 黄淮肉羊是在河南省以杜泊羊为父本、小尾寒羊和小尾寒羊杂种羊为母本，历时 18 年培育而成的。2019 年 12 月通过了国家畜禽遗传资源委员会羊委员会的现场审定，2020 年 10 月国家畜禽遗传资源委员会在北京召开终审会议，审定通过了"黄淮肉羊"为河南省第一个肉羊新品种。2021 年 1 月 8 日由中华人民共和国农业农村部公告（第 381 号）并颁发证书【（农 03）新品种证字第 22 号】。

（2）外貌特征　黄淮肉羊有黑头和白头两个类群，黑头类群头部、颈前部被毛和皮肤呈黑色，体躯被毛和皮肤呈白色，部分羊肛门和阴门周围被毛和皮肤呈黑色；白头类群全身被毛和皮肤均呈白色，无杂毛。黄淮肉羊头脸部清秀，耳中等偏大、稍下垂，公、母羊均无角，鼻梁稍隆起，嘴部宽深。公羊颈部粗短，母羊颈部稍细长，公、母羊头、颈和肩部均结合良好。胸部宽深、肋骨开张、背腰平直、体质结实丰满，体形呈桶状，后躯肌肉发达。四肢较高且粗壮，蹄质坚实，瘦尾。

（3）生产性能　在舍饲圈养条件下，黄淮肉羊初生重公羔平均 3.68 千克、母羔平均 3.65 千克；45 日龄断奶体重公羔平均 17.30 千克、母羔平均 16.34 千克。6 月龄体重：公羊 58.5 千克，母羊 52.45 千克。周岁体重：公羊 79.43 千克，母羊 65.12 千克。成年体重：公羊 98.12 千克，母羊 71.70 千克。繁殖性能强，公羊初情期 4～5 月龄，6 月龄达到性成熟，初配年龄为 1 周岁，全年均可参加配种，利用年限为 4～5 年；母羊初情期为 5～6 月龄，6～7 月龄达到性成熟，初配年龄为 8～9 月龄。母羊全年均可发情配种，繁殖率为 252.82%，每只母羊年提供断奶羔羊数 2.38 只，利用年限 5～6 年。产肉性能好，6 月龄屠宰率：公羊 56.02%、母羊 53.19%。胴体净肉率：公羊 82.01%、母羊 81.53%；公羊平均肉骨比为 4.56：1，母羊平均肉骨比为 4.42：1；眼肌面积公羊为 24.50 平方厘米，母羊为 21.24 平方厘米。

黄淮肉羊核心产区在河南省鹤壁市、漯河市，主要分布在河南省商丘市、新乡市、许昌市，安徽省淮北市及江苏省徐州市等黄淮平原地区。该品种繁殖率高、生长发育速度快、耐粗饲，对农区秸秆资源利用率高，是适合黄淮平原地区自然资源和气候环境的工厂化肉羊品种。

8. 鲁中肉羊

（1）**产地** 鲁中肉羊是利用地方品种湖羊与引进肉羊品种杜泊羊进行杂交，培育出的繁殖率高、生长速度快、肉质优，适应于我国鲁中地区环境气候条件的肉羊新品种。2019年11月通过了国家畜禽遗传资源委员会现场初审，2020年10月通过了国家畜禽遗传资源委员会的终审，2021年1月8日由中华人民共和国农业农村部公告（第381号）并颁发证书【（农03）新品种证字第20号】。

（2）**外貌特征** 鲁中肉羊全身被毛白色，头清秀，鼻梁微隆，耳大稍下垂，颈背部结合良好。胸宽深、背腰平直、后躯丰满、四肢粗壮、蹄质坚实，体形呈桶状结构，公、母羊均无角，瘦尾。公羊睾丸对称、大小适中、发育良好。母羊清秀，乳房发育良好，乳头分布均匀，大小适中。

（3）**生产性能** 生长发育：鲁中肉羊3月龄体重公羔27.89千克、母羔26.85千克；6月龄体重公羊49.79千克、母羊46.30千克；周岁体重公羊80.26千克、母羊59.49千克；成年体重公羊102.78千克、母羊70.54千克。繁殖性能：鲁中肉羊常年发情，两年三胎，母羊平均产羔率231.83%。产肉性能：鲁中肉羊肥育至6月龄公羊平均日增重312克，屠宰率54.85%，胴体净肉率81.66%；眼肌面积23.01平方厘米。羊肉品质：羊肉中含粗蛋白质20.28%，粗脂肪3.14%，氨基酸总含量18.67%。硬脂酸含量低，膻味轻。胆固醇含量低（59.2毫克/100克）。属优质高档羊肉。

鲁中肉羊先后推广到河北、河南、新疆、内蒙古、辽宁 5 个省、自治区，本省 20 多个县市，均表现出良好的适应性。鲁中肉羊具有繁殖率高、生长速度快、屠宰率高、肉质好、耐粗饲、抗病力强等特点，适合舍饲圈养。

（二）地方优良品种

1. 小尾寒羊

（1）产地及分布 分布于河南新乡、开封地区，山东菏泽、济宁地区，以及河北南部、江苏北部和淮北等地，其祖先是北方草原地区迁移过来的蒙古羊，经长期选育，逐渐形成了肉裘兼用的地方品种。

（2）外貌特征 小尾寒羊四肢较长，体躯高大，前后躯都较发达。脂尾短，一般都在飞节以上。公羊有角，呈螺旋状；母羊半数有角，角小。头、颈较长，鼻梁稍隆起，耳大下垂。被毛白色，少数在头部及四肢有黑褐色斑点或斑块。

（3）生产性能 成年羊体重：公 94.1 千克，母 48.7 千克。3 月龄断奶重：公 20.8 千克，母 17.2 千克；周岁公羊胴体重 40.48 千克，净肉重 33.41 千克，屠宰率和净肉率分别为 55.60% 和 45.89%。小尾寒羊性成熟早，母羊 5～6 月龄发情，公羊 7～8 月龄可配种。母羊全年发情，可一年两产或两年三产，每胎多羔，产羔率平均 261%。

该品种具有常年发情、繁殖力高、早熟、生长快等特点，适宜舍饲为主的农区饲养，是一个较为理想的肉羊经济杂交母本。2000 年、2006 年和 2014 年分别被农业部列入《国家级畜禽遗传资源保护名录》，被誉为"国宝"。

2. 湖羊

（1）产地及分布 湖羊源于北方蒙古羊，南宋时期随北方移民南下带入太湖地区饲养、繁衍。经当地长期选育，到清代已培育形成一种独特的羔皮用短脂尾羊品种，主要分布在江苏南部和浙江的部分地区。

（2）**外貌特征**　湖羊头狭长，鼻梁隆起，眼大突出，耳大下垂，公母均无角，胸部窄，背平直，四肢纤细，被毛白色，少数个体的眼圈及四肢有黑褐色斑点。

（3）**生产性能**　湖羊生长发育快，6月龄体重可达成年羊（2岁）体重的87%，2岁体重：公羊76千克，母羊49千克。成年羊屠宰率为54%～56%。湖羊繁殖能力强，母性好，泌乳性能高，性早熟，四季发情，可年产两产或两年三产，每胎多羔，产羔率为229%。

湖羊具有生长快、成熟早、产羔率高等特点，所产羔皮花纹美观，为我国特有的羔皮羊品种。由于羔皮市场萎缩，目前转向肉用生产方向，适应规模化舍饲养殖，已成为很多地区发展规模化养羊业的主推品种之一。2000年、2006年和2014年分别被农业部列入《国家级畜禽遗传资源保护名录》。

3. 乌珠穆沁羊

（1）**产地及分布**　乌珠穆沁羊系蒙古羊在当地条件下，经过长期选育形成的一个优良类群，1982年经国家农业部、国家标准总局正式批准为当地优良品种。主产于内蒙古自治区锡林郭勒盟东部的乌珠穆沁草原，主要分布于内蒙古东、西乌珠穆沁旗及阿巴哈纳尔旗、阿巴嘎旗的部分地区。

（2）**外貌特征**　体格高大，体躯长，背腰宽，肌肉丰满，全身骨骼坚实，结构匀称。鼻梁隆起，额稍宽，耳大下垂或半下垂。公羊多数有半螺旋状角，母羊多数无角。脂尾厚而肥大，呈椭圆形。尾的正中线出现纵沟，脂尾分成左右两半。

（3）**生产性能**　乌珠穆沁羊生长发育快，4月龄体重公、母羊分别为 33.9 千克、32.1 千克。成年羊体重公、母分别为 74.43 千克、58.4 千克。屠宰率平均为 51.4%，净肉率 45.64%。母羊一年一产，平均产羔率为 100.2%。

乌珠穆沁羊适于终年放牧饲养，具有增膘快、蓄积脂肪能力强、产肉率高、性成熟早等特点，适于利用牧草生长旺期，开展放牧育肥或有计划的肥羔生产。该羊肉水分含量低，富含钙、铁、磷等矿物质，肌原纤维和肌间纤维脂肪沉淀充分，根据《农产品地理标志管理办法》规定，经申请、评审和公示，符合农产品地理标志登记程序和条件，农业部决定于 2008 年 8 月 31 日准予登记。该品种 2006 年和 2014 年分别被农业部列入《国家级畜禽遗传资源保护名录》。

4. 苏尼特羊

（1）产地及分布　苏尼特羊（也称戈壁羊），是肉脂兼用粗毛型地方品种。在放牧条件下，经过长期对蒙古羊选育，形成具有耐寒、抗旱、生长发育快、生命力强、最能适应荒漠半荒漠草原的一个肉用地方良种。1986 年被锡林郭勒盟技术监督局批准为地方良种，1997 年内蒙古自治区人民政府正式命名。主要分布在内蒙古自治区锡林郭勒盟苏尼特左旗、苏尼特右旗，乌兰察布市四子王旗，包头市达茂联合旗和巴彦淖尔市的乌拉特中旗等地。

（2）外貌特征　苏尼特羊体格大，体质结实，结构均匀，公、母羊均无角，头大小适中，鼻梁隆起，耳大下垂，眼大明亮，颈部粗短。背腰平直，体躯宽长，呈长方形，后躯发达，大腿肌肉丰满，四肢强壮有力。脂尾小呈纵椭圆形，中部无纵沟，尾端细而尖且向一侧弯曲。被毛为异质毛，毛色洁白，头颈部、四肢及脐部周围有有色毛。

（3）生产性能　成年羊体重：公 78.83 千克，母 58.92 千克；育成羊体重：公 59.13 千克，母 49.48 千克。该羊产肉性能好，10

月份屠宰成年羯羊、18 月龄羯羊和 8 月龄羔羊，胴体重分别为 36.08 千克、27.72 千克和 20.14 千克；屠宰率分别为 55.19%，50.09% 和 48.2%；瘦肉率为 70.6%、70.52% 和 69.95%。繁殖能力中等，经产母羊的产羔率为 110%。

苏尼特羊产肉性能好，瘦肉率高，肉中蛋白质含量高、脂肪含量低，膻味轻，曾是元、明、清朝皇宫供品，也是北京"东来顺"涮羊肉馆专用羊肉。2007 年，被列为国家地理标志保护产品，2014 年被农业部列入《国家级畜禽遗传资源保护名录》。

5. 滩羊

（1）**产地与分布**　滩羊属短脂尾羊，是我国珍贵的皮肉兼用品种，主产于宁夏自治区贺兰山东麓，盐池县为中心产区，周边的陕甘宁蒙四省（区）均有分布。

（2）**外貌特征**　滩羊体质结实，体格中等。公羊鼻梁隆起，有螺旋形大角向外伸展，母羊一般无角或有小角。背腰平直，体躯窄长，四肢较短，尾长下垂，尾根宽阔，尾尖细长而呈 S 状弯曲或钩状弯曲到飞节。被毛绝大多数为白色，头部、眼周围、两颊、两耳、嘴端、四蹄上部等多有褐色、黑色、黄色斑块或斑点，全白或全黑者甚少。

（3）**生产性能**　成年羊体重：公 47 千克，母 35 千克。产肉性能：屠宰率成年羯羊 45%、母羊 40%。产羔率为 102%。被毛由有髓毛组成，羊毛细度：无髓毛为 17 微米，有髓毛为 26.6 微米。毛长：公羊为 11.2 厘米，母羊为 8.9 厘米，为纺织提花毛毯的原料。生产的裘皮为二毛皮，毛色洁白呈波浪形花案，美丽轻盈柔软，不黏结，毛股一般有 5～7 个弯曲，较好的花型为串字花。滩羊肉肉质细嫩，无膻腥味，脂肪分布均匀，含脂率低，营养丰富。

宁夏盐池县独特的自然气候条件和天然草场植被培育造就了

"盐池滩羊"这样一个优秀的地方品种。2000 年、2006 年、2014 年分别被农业部列入《国家级畜禽遗传资源保护名录》。2005 年 6 月成功注册了"盐池滩羊"产地证明商标,2008 年 9 月荣获宁夏回族自治区著名商标,同年"盐池滩羊肉"由盐池县申请,经农业部审核,登记为"农产品地理标志",2010 年 1 月被国家工商总局商标局认定为中国驰名商标,使滩羊产品具有了适应市场经济竞争的"金牌名片"。

6. 多浪羊

(1)**产地与分布** 多浪羊是新疆的一个优良肉脂兼用型绵羊品种,因其中心产区在麦盖提县,故又称麦盖提羊。主要分布在塔克拉玛干大沙漠的西南边缘,叶尔羌河流域的麦盖提、巴楚、岳普湖、莎车等县。

(2)**外貌特征** 多浪羊体质结实、结构匀称、体大躯长而深,肋骨拱圆、胸深而宽,前后躯较丰满,肌肉发育良好,头中等大小,鼻梁隆起,耳特别长而宽。公羊绝大多数无角,母羊一般无角,尾形有 W 状和 U 状,母羊乳房发育良好。体躯被毛为灰白色或浅褐色(头和四肢颜色较深),绒毛多、毛质好。

(3)**生产性能** 体重方面:初生重公羊 5.1 千克,母羊 4.9 千克;4 月龄断奶时公羊 46.6 千克、母羊 42.1 千克;1 岁公羊 59.2 千克、母羊 43.6 千克;成年公羊为 98.4 千克、母羊为 68.3 千克。产肉方面:多浪羊在全年舍饲的条件下进行饲养,产肉性能好,不仅屠宰率高,而且骨肉比也高,尤其是当年羔羊生长快、早熟,在断奶后增重快。周岁以内的羊,屠宰率可达 53%～56%,成年羊屠宰率公 59.8%、母 55.2%,而且肉质鲜美可口。繁殖方面:多浪羊有较高的繁殖能力,性成熟早,一般公羊 6～7 月龄性成熟,母羔 6～8 月龄可进行初配,1 岁母羊大多数已产羔。一般 2 年产 3 胎,膘情好的可 1 年产 2 胎,而且双羔率较高,可达 33%,1 只母羊一生可产羔 15 只，繁殖成活率在 150％左右。

多浪羊体大、产肉多、肉质鲜嫩、繁殖率高，是组织羔羊肉生产的理想品种。2006 年、2014 年分别被农业部列入《国家级畜禽遗传资源保护名录》。

7. 西藏羊（草地型）

（1）**产地与分布**　西藏羊是我国地方绵羊品种中数量多、分布广的绵羊品种，产于西藏高原，分布于西藏境内的冈底斯山、念青唐古拉山以北的藏北高原和雅鲁藏布江的河流地带，青海省的高寒牧区，甘肃省的甘南州，四川省的甘孜、阿坝、凉山及云贵高原。

（2）**外貌特征**　草地型西藏羊体质结实，头粗糙呈长三角形，鼻梁隆起，公、母羊都有角，公羊角粗壮、多呈螺旋状向两侧伸展，母羊角扁平较小，呈捻转状向外平伸。前胸开阔，背腰平直，骨骼发育良好。四肢粗壮，蹄质坚实。尾呈短锥形，长 12～15 厘米，宽 5～7 厘米。毛色以体躯白色、头肢杂色者居多。

（3）**生产性能**　成年体重：公羊 51 千克，母羊 43 千克。产肉性能：成年羯羊屠宰率为 46％。繁殖性能：1 年 1 产，均为单羔。

西藏羊属短瘦尾羊，为我国三大粗毛绵羊品种之一，以草地型羊较优，羊毛是优质地毯毛原料。对高原牧区气候有较强的适应性，终年放牧。2000 年、2006 年、2014 年分别被农业部列入《国家级畜禽遗传资源保护名录》。

8. 同羊

（1）**产地与分布**　产于陕西省渭南、咸阳两市。主要分布在陕西渭南、咸阳两市北部各县，延安市南部和秦岭山区有少量分布。

（2）**外貌特征**　同羊有"耳茸、尾扇、角栗、肋筋"四大外貌特征。耳大而薄（形如茧壳），向下倾斜。公、母羊均无角，部分公羊有栗状角痕。颈较长，部分个体颈下有一对肉垂。胸部较宽深，肋骨细如筋，拱张良好。背部公羊微凹、母羊短直较宽，腹部圆大。尾大如扇，90%以上为短脂尾。全身被毛洁白，中心产区59%的羊只产同质毛和基本同质毛，其他地区同质毛羊只较少。

（3）生产性能 体重：周岁公、母羊平均为 33.10 千克和 29.14 千克；成年公、母羊为 44.0 千克和 39.0 千克。屠宰率：羯羊为 57.7%。繁殖性能较差，一般 1 胎 1 羔，双羔极少。

该品种具有肉质鲜美、肥而不腻、肉味不膻、脂尾较大、骨细而轻、被毛柔细、羔皮洁白、美观悦目、遗传性稳定和适应性强等特点，是多种优良遗传特性结合于一体的独特绵羊品种，也是发展肉羊生产与培育肉羊新品种的优良种质资源。陕西关中和渭北地区久负盛誉的"羊肉泡馍""水盆羊肉"和"腊羊肉"等肉食，素以同羊肉为上选。同羊将优质半细毛、羊肉、脂尾和珍贵的毛皮集于一身，这不仅在我国，即便在世界上也是稀有的绵羊品种，堪称世界绵羊品种资源中非常宝贵的基因库之一。2000 年、2006 年、2014 年分别被农业部列入《国家级畜禽遗传资源保护名录》。

9. 草原短尾羊

（1）产地与分布 草原短尾羊历经十余年持续选育，于 2020 年 9 月通过了国家畜禽遗传资源委员会羊业分会的审定，2021 年 1 月 8 日由中华人民共和国农业农村部公告（第 381 号）并颁发证书【（农 03）新品种证字第 21 号】。主要分布在内蒙古鄂温克旗境内。

（2）外貌特征 体格强壮、结构匀称，头大小适中，鼻梁微隆，耳大下垂，颈粗短。四肢结实，姿势端正，肋骨拱圆，大腿肌肉丰满，后躯发达。背腰平直，体躯宽深，尻部平宽，呈长方形。被毛白色，为异质毛，头部和四肢有有色毛。公羊部分有角，母羊无角，尾部较小。

（3）**生产性能**　体重：6月龄公羊41.1千克、母羊40.2千克；育成公羊57.7千克、母羊49.8千克；成年公羊77.8千克、母羊60.0千克。屠宰率：育成羯羊48.8%，成年羯羊52.1%。羊肉脂肪酸的不饱和程度低，品质好，无膻味。性成熟期为6～8月龄，初配适宜年龄1.5岁，繁殖适宜年龄1.5～7岁，经产母羊产羔率为110.2%。

草原短尾羊由于其突出的抗逆性、较强的适应性、稳定的遗传性、较高的产肉性能，特别是生长在绿色、无污染、水草丰美的呼伦贝尔大草原，得到广大养殖户的欢迎。同时因具有瘦肉率高、高蛋白、低脂肪、肉质鲜美、富含人体所需多种氨基酸和脂肪酸等特点，深受国内外消费者的青睐。

草原短尾羊的育成填补了我国北方高寒地区短脂尾型绵羊品种的空白，该品种具有生长发育快、耐寒冷、耐粗饲、宜牧养的优良特性。

第三节　肉用山羊品种

一、引进的肉用山羊品种

1. 波尔山羊

（1）**产地**　原产于南非共和国，是目前世界上公认的肉用山羊品种，以体型大、增重快、产肉多、耐粗饲而著称于世，有"肉羊之父"之美称。

（2）**外貌特征**　波尔山羊体躯长、宽、深，腿部和臀部丰满，四肢结实有力。被毛短为白色，头、耳、颈部为浅红色至深红色，但不超过肩部，额部有明显的广流星（前额与鼻梁有白色条带），公、母羊均有角。

（3）**生产性能** 波尔山羊体格大，生长发育快，成年羊体重：公90～95千克、母70～75千克；羔羊初生重3～4千克，周岁平均日增重一般在200克以上，6月龄体重公42千克、母37千克。产肉性能突出，8～10月龄公羊屠宰率为48%，1岁、2岁、3岁时分别达50%、52%和56%。胴体肉厚而不肥，色泽纯正，膻味小，肉质多汁鲜嫩，适口性好，倍受消费者欢迎。波尔山羊繁殖性能优良，一般常年发情，7月龄即可配种，1年2胎或2年3胎，产羔率在180%～200%。板皮质地致密、坚牢，是制革工业的理想原料。

（4）**应用状况** 波尔山羊适应性极强，几乎适合于各种气候条件下饲养，在热带、亚热带、内陆甚至半沙漠地区均有分布。我国自20世纪90年代开始引进波尔山羊，目前已遍布全国20多个省、市、自治区。与当地品种山羊杂交，后代生长速度快、产肉多、肉质好，产肉力提高效果明显，故被推荐为杂交肉羊生产的终端父系品种。

2. 努比亚山羊

（1）**产地** 原产于非洲东北部的埃及、苏丹及邻近的埃塞俄比亚、利比亚、阿尔及利亚等国，在英国、美国、印度、东欧及南非等地都有分布，属肉乳兼用型品种。

（2）**外貌特征** 努比亚山羊头短小，鼻梁隆起，耳大下垂，颈长，躯干较短，尻短而斜，四肢细长。母羊无须无角。毛色较杂，有暗红色、棕色、乳白色、灰白色、黑色及各种斑块杂色，以暗红色居多，被毛细短、有光泽。

（3）**生产性能** 努比亚山羊成年体重公80千克、母55千克。产肉率高，成年公、母羊的屠宰率分别为51.98%和49.20%，净肉率分别为40.14%和37.93%。肉质细嫩，膻味小，风味独特，深受广大消费者喜爱。繁殖力强，1年2产或2年3产，每胎2～3

羔，平均产羔率 192.8%。母羊乳房发育良好，多呈球形，产奶量300～800千克，乳脂率4%～7%，奶的风味好。

（4）应用状况　我国 1939 年曾引入，饲养在四川成都等地。20 世纪 80 年代中后期，广西壮族自治区、四川省简阳市、湖北省房县又从英国和澳大利亚等国引入饲养。努比亚山羊同地方山羊杂交，在提高肉用性能和繁殖性能方面取得了显著效果。

二、我国的肉用山羊品种

（一）培育品种

1. 南江黄羊

（1）产地　南江黄羊产于四川省南江县，是于 20 世纪 60 年代开始，以努比亚山羊、成都麻羊为父本，南江县本地山羊、金堂黑山羊为母本，采用多品种复杂杂交、人工选育而成的我国第一个肉用山羊新品种。1995 年和 1996 年先后通过农业部和国家畜禽遗传资源管理委员会现场鉴定、复审，并由农业部正式命名，颁发了畜禽新品种证书【农业部（1998）第 5 号】。目前已推广到 20 多个省、市、自治区。

（2）外貌特征　南江黄羊背腰平直，前胸宽深，尻部略斜，四肢粗长，蹄质结实，整个躯干呈圆桶状。头大小适中，耳大且长，鼻梁微拱，两侧有一对称的黄白色条纹。被毛呈黄褐色，从头顶沿背脊至尾根有一条宽窄不等的黑色毛带。公、母羊有角者占 90%。

（3）生产性能　南江黄羊周岁公羊体重 34.43 千克、母羊27.34 千克；成年公羊 60.56 千克、母羊 41.2 千克。6 月龄羯羊屠宰率可达 47.01%，胴体净肉率为 73.01%。南江黄羊性成熟早，3月龄就可以出现初情期，但母羊以 6～8 月龄、公羊以 12～18 月龄配种为佳，平均产羔率为 194.62%。南江黄羊板皮质地优良，细致结实，抗张强度高，延伸率大，尤以6～12月龄的羔羊皮张为好，厚薄均匀，富有弹性。

南江黄羊目前已推广到20多个省、市、自治区，适应性和改良效果明显。该品种符合工厂化高效养羊的要求。

2. 简州大耳羊

（1）**产地**　简州大耳羊产于四川省简阳市，是我国自主培育成功的第二个国家级肉用山羊品种。该品种是用进口努比亚山羊与简阳本地山羊，经过60多年的杂交和横向固定形成的一个优良种群，2012年10月由国家畜禽遗传资源委员会现场审定，2013年1月复审通过了简州大耳羊为山羊新品种【农业部（2013）第1907号】。2011年，被国家质检总局登记为中国国家地理标志产品。

（2）**外貌特征**　头呈三角形，鼻梁微拱，有角或无角，头颈相连处呈锥形，颈呈长方形，结构匀称。体形高大，胸宽而深，背腰平直，臀部短而斜，四肢粗壮，蹄质坚硬，耳大下垂。毛色以棕黄色为主，部分为黑色，富有光泽。

（3）**生产性能**　简州大耳羊成年体重公羊68.12千克、母羊44.53千克；2月龄断奶体重公羊19.16千克、母羊17.20千克；12月龄体重公羊40.48千克、母羊35.38千克。成年羊屠宰率公44.98%、母41.20%，净肉率公37.14%、母32.93%；7月龄公羊屠宰率49.62%，净肉率38.79%，眼肌面积达22.37平方厘米。简州大耳羊四季发情，但以春秋二季发情更多，公羊初配年龄8～10月龄，母羊为6月龄。平均一年1.75胎，初产母羊产羔率153.27%，经产母羊242.50%，羔羊成活率96.98%。

简州大耳羊具有体格高大、生长速度快、产羔率高、适应性强、肉质好、膻味低、风味独特、板皮质量优良等特点，深受广大饲养户和消费者欢迎。现已推广到贵州、云南、湖南、广东、广西、湖北、陕西、河南等省、市、自治区和省内近20个市州，在推广地表现出了良好的适应性和很好的生产能力，是适合我国南方亚热带气候特点的优良肉用山羊新品种。

（二）地方优良品种

1. 成都麻羊

（1）**产地与分布** 成都麻羊产于四川省成都市，主要分布在四川省成都平原及其四周的丘陵和低山地区。因被毛为棕黄色而带有黑麻的感觉，故称麻羊；又因其被毛呈棕黄色，犹如赤铜，故又称为四川铜羊。

（2）**外貌特征** 成都麻羊体格中等，结构匀称，头中等大小，两耳侧伸，额宽微突，公、母羊大多有角、有须。背腰平直，尻部略斜，四肢粗壮，蹄质坚实呈黑色。被毛呈棕黄色，色泽光亮，沿颈、肩、背、腰至尾根有一条黑色毛带。

（3）**生产性能** 成都麻羊产肉性能和板皮品质好。体重：成年公羊43千克、母羊32.6千克；周岁公羊26.8千克、母羊23.1千克。屠宰率：周岁羯羊46.27%，成年羯羊47.97%；胴体净肉率周岁羯羊75.80%、成年羯羊79.11%。母羊常年发情，可年产两胎，产羔率平均210.0%。母羊一个泌乳期可产奶150～250千克，乳脂率达5.0%～8.2%。板皮品质好，质地柔软致密，弹性好，耐磨损，是高级皮革的良好原料。2014年被农业部列入《国家级畜禽遗传资源保护名录》。

2. 马头山羊

（1）**产地及分布** 马头山羊是湖北、湖南省肉皮兼用的地方优良品种之一，主要分布在湖北省的十堰市、丹江口市，湖南省的常德市、怀化市以及湘西土家族、苗族自治州。

（2）**外貌特征** 马头山羊头较长，大小适中，头形似马，性情迟钝，行走时步态如马，频频点头，群众俗称"懒羊"。公、母羊均无角，体形呈长方形，结构匀称，骨骼坚实，背腰平直，肋骨开张良好，臀部宽大，稍倾斜，尾短而上翘。毛被以白色为主，有少量黑色和麻色，毛稀无绒。

（3）生产性能　马头山羊体格大，成年体重公羊 43.83 千克、母羊 35.27 千克、羯羊 47.4 千克。屠宰率公羊 54.69%、母羊 50.01%；净肉率公羊 47.68%、母羊 42.57%。早期肥育效果好，可生产肥羔肉，肉质鲜嫩，膻味小。繁殖性能高，性成熟早，母羊一年可产两胎，产羔率为 191.9%～200.3%。板皮品质良好，张幅大。所产粗毛洁白、均匀，可制作毛笔、毛刷。

马头山羊抗病力强、适应性广、易于管理，适于丘陵山地、河滩湖坡、农家庭院放牧饲养，也适于圈养，在我国南方各省都能适应。华中、西南、云贵高原等地引种，表现良好，经济效益显著。

3. 黄淮山羊

（1）产地与分布　黄淮山羊俗称槐山羊、安徽白山羊或徐淮白山羊，属肉皮兼用型地方良种，产于河南、安徽及江苏三省接壤地区。分布于河南省周口地区，安徽省北部和江苏省的徐州、淮阴等地。

（2）外貌特征　黄淮山羊结构匀称，骨骼较细。鼻梁平直，面部微凹，下颌有髯。分有角和无角两个类型，有角者公羊角粗大，母羊角细小，向上向后伸展呈镰刀状；无角者仅有角基。颈中等长，胸较深，肋骨开张良好，背腰平直，体躯呈桶形。被毛白色，毛短有丝光，绒毛很少。

（3）生产性能　成年体重公羊 49.1 千克、母羊 37.8 千克。屠宰率 7～10 月龄母羊为 47%、成年母羊为 52%。性成熟早，公母羊均在 2～3 月龄，母羊四季发情，但以春秋季较多，产羔率为 227%～239%，羔羊成活率达 96%。板皮致密，毛孔细小，分层多而不破碎，拉力强而柔软，韧性大，弹力高，是优质制革原料。

黄淮山羊具有性成熟早、繁殖率高、生长发育快、板皮品质优良等特性。近年来，在选育时倾向于肉用方向，体格有增大趋势。

4. 武安山羊

（1）**产地**　武安山羊是河北省著名的肉绒兼用地方良种，也是全国重点地方良种之一。该品种羊以河北省武安县为中心产区，故以此得名。多分布在冀、鲁、豫三省交界的太行山区一带。

（2）**外貌特征**　武安山羊体型较大，体质结实，四肢强壮，躯干丰满，呈圆筒状。头大小适中，耳小前伸，公、母羊均有髯，绝大部分有角，少数无角或有角基。颈短粗，胸深而宽，背腰平直，后躯比前躯高，四肢强健，蹄质结实。毛色主要为黑色，少数为褐、青、灰或白色。

（3）**生产性能**　武安山羊质量佳，体重公羊 43 千克、母羊 36 千克。屠宰率为 49.2％，肉质细嫩，肥瘦相宜。武安山羊产绒量高，公羊为 275 克、母羊为 160 克，绒质好，可纺织成各种款式的羊毛衫，轻便耐穿，美观大方。

武安山羊品种资源保护场建设已经农业部确定为 2010 年畜禽种质资源保护项目，该项目通过扩增核心群种羊数量，划定保种区，改变饲养方式，开展秸秆养羊等措施，有效地保护武安山羊这一重要的地方山羊品种。目前武安县是河北省出口羊肉的主要产地之一。以武安山羊加工成的带皮山羊肉，在国际市场深受消费者的欢迎。

5. 海门山羊

（1）**产地**　海门山羊是海门人民在长期的生活与生产实践中培育而成的肉、皮、毛兼用型品种。

（2）**外貌特征**　海门山羊头大小适中，嘴狭长，面微凹。公、母羊均有角、有须，颈细长。身体结构匀称，背腰平直，四肢端正，蹄壳结实。体躯发育均匀，近似方形。被毛白色而富有光泽。

（3）**生产性能**　成年体重公羊 40 千克、母羊 23 千克。屠宰率 48％以上，肉质肥嫩鲜美，无膻味。性成熟早，公、母羊均在 3～5 月龄性成熟，母羊四季发情，多在春、秋两季配种，1年2胎或2年3胎。

海门山羊肉肥嫩鲜美，膻味小，肉质纤维细嫩，肥瘦适度，脂肪分布均匀，口感肥而不腻。2011年12月20日，农业部批准对"海门山羊"实施农产品地理标志登记保护。2019年11月入选中国农业品牌目录2019农产品区域公用品牌。

6. 板角山羊

（1）产地及分布 板角山羊主产于四川省万源市和重庆市城口、巫溪县等地，是经当地群众长期选育而成的皮肉兼用型山羊良种。邻近的宣汉、奉节、涪陵、丰都等县，以及陕西的紫阳县，贵州东北部与四川东南部邻近的县区，均有板角山羊的分布。

（2）外貌特征 头部中等大小，鼻梁平直，额微凸，公、母羊均有角、有髯。体躯呈圆桶形，背腰较平，尻部略斜；肋骨开张良好，四肢粗壮，骨骼坚实。板角山羊的体格大小因产地不同而有差异，以万源、城口和武隆区的体格较大，巫溪县的较小。毛色以白色为主，少数为黑色和杂色。

（3）生产性能 板角山羊产肉性能好，成年公羊平均体重40.5千克、母羊30.3千克，2月龄断奶公羔9.7千克，母羔8.0千克，成年羯羊屠宰率55.8%。皮板弹性好，质地致密，张幅大。6～7月龄性成熟，一般1年2产或2年3产，高山寒冷地区1年1产，平均产羔率为184.0%。

板角山羊具有体型大、生长快、产肉多、膻味轻、皮张面积大、质量好、适应性和抗病力强等特点，是山区发展草食牲畜、以草换肉的重要山羊品种资源。目前，板角山羊品种比较混杂，急待进一步选种选配，提纯复壮，加快繁殖。

7. 雷州山羊

（1）产地与分布 雷州山羊是中国广东省以产肉、板皮而著名的地方山羊品种，原产于雷州半岛一带，广东省湛江市及海南省均有分布。

（2）**外貌特征**　雷州山羊面直，额稍凸，公、母羊均有角、有髯，耳中等大小。公羊颈粗，母羊颈细长，颈前与头部相连处较狭小，颈后与胸部相连处逐渐增大。背腰平直，乳房发育良好，多呈球形。毛色多为黑色，也有少数为麻色及褐色。

（3）**生产性能**　雷州山羊成年体重公羊为 54.1 千克、母羊为 47.7 千克、羯羊为 50.8 千克。屠宰率为 50%～60%，肉味鲜美，纤维细嫩，脂肪分布均匀，膻味小。繁殖力强，性成熟早，多数羊 1 年 2 胎，少数 2 年 3 胎，每胎产 1～2 羔，产羔率为 150%～200%。根据体型将雷州山羊分为高脚种和矮脚种两个类型。矮脚种产羔多，高脚种产羔少。雷州山羊板皮质量好，皮质致密、轻便、弹性好、皮张大，熟制后可染成各种颜色。

雷州山羊成熟早，生长发育快，肉质和板皮品质好，繁殖率高，是我国热带地区的优良山羊品种。该品种尚未大力开发利用，今后应加强选育，改善饲养管理，充分发挥产肉潜力。2000 年、2006 年、2014 年分别被农业部列入《国家级畜禽遗传资源保护名录》。

8. 太行山羊

（1）**产地与分布**　太行山羊产于太行山东、西两侧的晋、冀、豫三省接壤地区。在山西省境内分布于晋东南、晋中两地区东部太行山区各县；河北省境内分布于保定、石家庄、邢台、邯郸地区京广线两侧各县；河南省境内分布于安阳、新乡地区的山区。

（2）**外貌特征**　太行山羊体质结实，体格中等。头大小适中，耳小前伸，公母羊均有髯，绝大部分有角，少数无角或有角基。颈短粗，胸深宽，背腰平直，后躯比前躯高。四肢强健，蹄质坚实。毛色主要为黑色，少数为褐、青、灰、白色。毛被由长粗毛和绒毛组成。

（3）**生产性能**　太行山羊成年体重：公羊 36.7 千克、母羊

32.8 千克；周岁公羊 22.5 千克、母羊 22 千克。屠宰率为 47.3％（河北）～58.7％（山西）。产羔率为 130％～143％。成年羊抓绒量：公羊 275 克，母羊 160 克。

太行山区有大量作物秸秆、树叶以及广阔的草山草坡，为发展山羊提供了丰富的饲料资源，加上群众的精心饲养和长期选育，形成了在体型外貌、体质类型方面一致的兼用山羊品种。2014 年被农业部列入《国家级畜禽遗传资源保护名录》。

9. 大足黑山羊

（1）产地与分布 大足黑山羊因原产于重庆市大足区而得名，属于肉皮兼用型地方优良山羊品种，主要分布于大足区 20 个乡镇及相邻的安岳县和荣昌区的少量乡镇。2003 年，大足黑山羊被西南大学和大足区畜牧兽医局发现并实施扩群、保护和研究，2008 年 4 月"大足黑山羊"商标获准国家商标局注册，成为当年大足区唯一、全市五大地理标志商标之一，2009 年 9 月，大足黑山羊通过国家畜禽遗传资源委员会羊专业委员会的现场鉴定，2009 年 10 月 15 日经农业部公告（第 1278 号）正式成为国家级畜禽遗传资源。

（2）外貌特征 头清秀，颈细长，额平狭窄，鼻梁平直，耳窄长，多数羊有角有髯。躯体呈长方形，胸宽深，肋骨开张，背腰平直，尻略斜，四肢较长，蹄质坚硬。成年羊体型较大，全身被毛黑色，体质结实，结构匀称。

（3）生长性能 大足黑山羊在正常饲养条件下，成年公、母羊体重分别为 59.5 千克和 40.2 千克，羔羊初生重公、母羔分别达 2.2 千克和 2.1 千克，2 月龄断奶重公、母羔分别达 10.4 千克和 9.6 千克。具有性成熟早、繁殖力高的基本特性。公羊在 2～3 月龄即表现出性行为，6～8 月龄性成熟，15～18 月龄进入最佳利用时间；母羊在 3 月龄出现初情，5～6 月龄达到性成熟，8～10 月龄进入最佳利用时间。产羔率初产母羊达到 197.31％、经产母羊达

272.32%，基本可以做到 2 年 3 胎，羔羊成活率不低于 95%。成年羊屠宰率不低于 43.48%、净肉率不低于 31.76%；成年羯羊屠宰率不低于 44.45%、净肉率不低于 32.25%。

大足黑山羊具有耐寒耐旱、抗逆性强、耐粗放饲养管理和采食能力强等特点，适宜于广大山区放牧和农区、半农半牧区圈养。2014 年被农业部列入《国家级畜禽遗传资源保护名录》。

10. 承德无角山羊

（1）产地与分布 承德无角山羊是河北省承德市特有的肉、皮、绒兼用型山羊品种。主产于河北省东北部的燕山山脉地区，河北省承德市各县、区均有饲养，以滦平、平泉等县居多，约占山羊总数的一半。承德无角山羊以其头上没有犄角，而又主产于承德而得名。

（2）外貌特征 承德无角山羊公、母羊均无角。头大、额宽、颈粗、胸阔、耳宽大略向前伸，眼大珠黄略外突，额头上有旋毛，颌下有髯。体质结实，骨骼粗壮，腿肌充实，肢势端正，腰背平直，体躯深广，侧视体呈长方形。被毛以全黑色居多，约占 70%（称黑无角）。其次为全白色（称白无角），另有少数青黑色，毛长绒密。

（3）生产性能 在自然放牧条件下，成年体重公羊为 54.5 千克、母羊为 41.5 千克；6 月龄体重公羊为 24.3 千克、母羊为 21.5 千克。性成熟期一般为 5 个月，公羊 1.5 岁、母羊 1 岁为配种年龄，年产羔率为 164%。成年羊屠宰率可达 37%～42%；成年羯羊育肥后屠宰率为 48%～53%，净肉率 30%～33%；8～9 月龄羔羊育肥后屠宰率为 40%～44%，净肉率为 27%～30%。板皮品质好，公羊产绒 240 克，母羊产绒 114 克。

该品种具有体大健壮、生长发育快、产肉性能高、耐粗饲、适应性和抗逆性强等特点。2004 年被中国畜禽品种审定委员会认定为国内山羊品种的优良基因，编入中国种畜禽育种成果大全，已向全国推广。

第二章
肉羊健康养殖及羊场建设

第一节　肉羊养殖发展方向

　　转变养羊观念，变革饲养模式，走标准化、规模化、舍饲化、健康化、可持续发展之路是我国肉羊养殖的未来发展方向。

　　（1）适度规模化　综合考虑资源禀赋、环境承载能力等因素，科学规划规模养殖场的结构和布局，因地制宜发展适度规模养殖，推进标准化生产，提高养殖水平，增加养殖效益。

　　① 公司（专业合作社）加适度规模户。利用公司（专业合作社）在资金、养殖技术、经营管理、产品销售等方面的优势，结合农户在土地、圈舍、饲草、农副产品、劳动力上的优势，实现优势互补，以公司（专业合作社）为主导，发挥规模效益、创立品牌效益，实现双方互利共赢。

　　② 标准化"1235"养羊模式。该养羊模式是国内发展以家庭为生产单位的适度规模标准化的模式，是比较适合于农村发展适度规模养羊业的模式，也适合于公司（专业合作社）加适度规模户。

具体内容是：1个养殖户建设1栋100平方米的标准化圈舍，饲养20只能繁母羊，种植3亩优质牧草，年出栏商品肉羊50只以上。这种模式的推广和发展在我国农村前景广阔。

（2）标准化　按照畜禽良种化、养殖设施化、生产规范化、防疫制度化和粪污无害化等"五化"要求，建设标准化规模养殖场、家庭牧场和专业合作社，提高设施化和集约化水平。

（3）龙头产业化　做大做强肉羊龙头企业，改善屠宰加工、品质检验设施装备条件，提高企业技术创新能力，开发特色羊肉产品，延长产业链条，加强品牌建设，增强市场竞争力，促进屠宰加工行业向规模化、标准化、品牌化方向发展。

（4）专业合作社或家庭农场　扶持家庭牧场和合作社、协会等农民专业合作组织的发展，提高肉羊养殖组织化程度，实现种羊繁殖棚舍搭建、饲料供应、疫病防控、产品销售等"五统一"。通过专业合作社运营管理，可以实现"经营规模化、生产标准化、产品安全化、营销品牌化、管理民主化"，加快传统养羊业向现代养羊业转变。

（5）舍饲化　能充分合理利用包括农作物秸秆在内的饲草资源，提高土地利用效价，促进农牧结合；提高饲草利用率，减少放牧对草资源的浪费，有助于我国养羊业由资源浪费型向效益型转变；有利于积肥；可充分利用农田饲草和利用农耕地套种牧草，调整种植结构，以草养羊、以羊粪（包括秸秆过腹）肥田，有助于发展生态农业，使我国农业由目前的"粮猪农业"向"猪、草（草食畜）粮农业"结构转变。

（6）生态化　传统养殖农户采用的羊舍都是形式多样的普通羊舍，以土窑、敞棚等简易设施为主，缺乏冬季保温、夏季防暑、科学喂养和管理，粪便堆积在圈舍内或乱堆在圈舍外的场院内，或直接施入农田，各项先进的养殖技术得不到应用，造成冬春季节肉羊繁殖率低、死亡率高、产肉少、经济效益低、污染严重。肉羊的生态养殖，就是农林牧相结合，获得经济、生态和社会的综合效益，如种养结合、种养互补、种养循环、舍饲＋放牧等生态养殖模式。

第二节　羊场建设与要求

规模化肉羊场建设是肉羊生产的重要内容，对于提高肉羊生产经济效益和方便饲养管理起到重要作用。肉羊场建设需要统筹考虑各环节，比如土地政策、环保政策、交通位置、地势地貌和水源等，也需要合理规划，科学布局，着眼于现代化养羊生产，满足现代化肉羊生产需求。

一、场址选择与场区布局

1. 场址选择

场址选择要统筹考虑当地畜牧业发展规划，尤其是在当前国家对养殖业环境污染严格控制的大背景下，很多地方划分了禁养区和限养区。要重点考虑养殖场的交通位置、排水和供电条件。养殖场应该距离居民集聚地 500 米以上，周围没有化工厂和屠宰场等污染企业，距离主干道 500 米以上。水源充足，要求地下水位 2 米以下，水质符合《无公害食品畜禽饮用水水质》（NY 5027—2008）标准。排水通畅，注意废水不能直接流入河道。要求地势平坦，不要将养殖场建在容易积水的低洼处，而且要背风向阳。养殖场四周建设围墙或者种植高大树木和花草净化空气。土质以沙土为宜，土质松软，吸水性强，渗透快，便于清理粪污，保持环境卫生。

2. 布局规划

肉羊场的布局规划根据功能不同一般分为饲养区、办公管理区、生产辅助区和粪污处理区。饲养区是养羊场的核心区，应该建在管理区的下风向、粪污处理区的上风向。主要建筑包括羊舍、兽医室、采精室和配种室。办公管理区位于上风口，通常在场大门口不远处。生产辅助区设有饲料库、草棚、青贮池和水电房等。粪污处理区在下风处，建有沼气池和粪便晾晒棚，墙外开设大门，便于清运粪污。场内净道和污道分离，不可交叉或者共用。道路要水泥硬化，场区内种植一些高大树木，便于遮阴。场区大门口建有长3米、宽2米的消毒池，人员进出场要严格消毒。

二、羊舍的类型

羊舍的建造类型较多，要根据当地气候、饲养规模、生产性质、场址面积和资金状况统筹考虑。通常情况下，羊舍分为开放式、半开放式和封闭式3种类型。

根据羊舍屋顶的形式，羊舍又分为双坡式、单坡式、平顶式和拱式等。羊舍面积的大小取决于饲养量的大小。羊舍过小则舍内潮湿，空气污染严重，影响羊的健康和生产效率，也直接妨碍生产管理。成年肉羊适宜的饲养密度为 $0.5\sim1$ 只/米^2。

下面以长方形羊舍为例进行简单介绍。长方形羊舍根据羊舍布局分为单列式和双列式。双列式羊舍中间为过道，两侧各有一排固定饲槽。单列式过道在墙体一侧，羊舍的前墙高 2.4 米、后墙高 1.8 米。长方形羊舍具有建造方便、变化样式多和实用性强的特点，而且饲养面积大，便于管理，是目前应用最广泛的羊舍类型。

三、运动场建设

为了便于羊群运动和晒太阳，肉羊场都建有运动场。运动场建在地势较高、紧靠羊舍的区域，内有饮水槽和饲槽，地面水泥硬化或者用砖砌而成，便于清理粪便。运动场大小根据羊群数量确定，通常每只羊占地 3~4 平方米。

四、养羊配套设施

1. 饲槽和饮水槽

饲槽大小根据饲养数量确定，以羊群吃草时不拥挤为宜。饲槽分为固定式、移动式和吊挂式。常用的固定式饲槽用水泥砌成，紧靠墙壁或者围栏，距离地面高 25 厘米，上宽下窄。饮水槽建在羊舍和运动场中间，目前多采用自动饮水器供羊只自由饮水。

2. 青贮设施

目前常用的青贮设施主要是地面青贮池和地下青贮池。青贮池根据饲养数量确定大小，以年存栏 1000 只羊为例，青贮池规格应为长 50 米、宽 20 米、高 3 米。

3. 药浴池

药浴池用于羊的寄生虫病防治，一般为长方形，水泥砌成，长 8 米、深 0.6~1 米、上宽 0.5 米、下宽 0.3 米，以单只羊能够通过为宜。入口处设漏斗形围栏，使羊依顺序进入药浴池。浴池入口呈陡坡，羊走入时可迅速滑入池中，出口处有一定倾斜坡度即可，斜坡上设有小台阶或横木条，其作用一是不使羊滑倒，便于走上台阶；二是羊在斜坡上进行短暂停留，使身上余存的药液流回到药浴池。

4. 供水设施

如果羊场无自来水，或羊场周围没有泉水或河水时，应在羊场附近打水井或修建水塔，并通过管道引入羊舍或运动场。水井与羊舍间相隔 50~100 米，并设在羊场污染源的上坡和上风方向，井口应高出地平面 70~100 厘米并加盖，周围修建井台和护栏，以防羊场的粪便污染。

第三节　肉羊的引种

　　肉羊引种要有计划、有目的地进行。明确引种数量、品种和公母比例，初次引种时数量不宜太大。引进品种的原产地自然条件要与本地自然条件差异小。

一、引种前的工作

1. 做好引种的准备工作

　　养殖户在进行绵羊引种时一定要先制定好引种方案，在方案中确定好所需引种的品种、公母比以及引种数量。同时还需要先对引种绵羊当地的气候环境做调研，了解其原产地的自然环境，气候条件以及饲养情况和疫病发生情况。尤其是跨省引种绵羊，一定要先报有关部门审批，获得审批手续才能进行引种。对于引种的养殖场要事先进行了解，确保其具有相关资质才能进行引种。养殖场在引种前要请专业的业务骨干组成引种小组，相互分配好任务和责任，把责任落实到个人，确保引种可以成功，工作能够顺利进行。

2. 选择引种季节

　　养殖场在进行引种时一定要确保本地自然气候、湿度等环境与引种地大致相同，切记不可以在寒冷、大雪或者炎热季节来临前进行引种，根据气候温度，一年的4～6月或者8～10月是引种的最佳时间，这时候温度和湿度刚刚好，水草丰富，有助于引种成功。但是不排除有些养殖场所饲养管理和疾病防控到位，适合四季引种。

3. 建设好羊舍

　　引种的绵羊不适合与养殖场之前的羊放在一起养殖，一定要先建设好羊舍，确保引种之后的绵羊在羊舍可以饲养。每一个养殖场所在的气候环境都不一样，在修建羊舍时一定要根据引种羊的生理特点和现场气候、自然环境来进行修建。对于一些潮湿、雨水过多的地区，可以修建漏缝式羊舍，但是对于一些干燥地区则可以修建地圈来饲养种羊。

羊圈在修建完之后要经常打开窗户保持通风，为羊圈打造一个干净、干燥的舒适环境，方便引种羊的生存。同时要注意羊圈卫生问题，注意杀菌消毒，可以采用生石灰或者百毒杀等消毒药来杀毒，消毒完 7 天后再使用。

4. 做好引种计划，选择优质种羊

首先要先确定在哪个地方进行引种，然后派相关专业人士去引种地进行调研，仔细调研羊品种的生活特性、具体饲养方式、种羊的价格、羊的市场销售情况，提前做好各项选种和种羊运输工作。

5. 选择正规养殖场引种

选择种羊一定要选择正规的养殖场，这些养殖场的各项证件都要齐全，尤其是畜禽生产许可证和动物防疫合格证。

二、种羊的挑选

应将健康、营养发育良好并且没有缺陷的种羊作为饲养场的首选种羊。此外需要保证引种羊有齐全的资料，供种场应提供相应的证明免疫记录、具体的疫苗接种情况等，符合条件后再经严格的检疫合格后方可进行采购。

三、种羊的运输

引种所用的车辆应根据引入种羊的数量和当地的气候条件来确定，切忌羊只过度拥挤而造成死亡的不良情况。如果饲养场引入的羊只数量比较大，应选择设置相应隔离栏的运输车比较适宜。在种

羊上车运输前一天应对车辆进行彻底有效的消毒，条件允许的情况下可将消毒后的车辆空置一天，然后在羊只装车运输前再进行一次消毒，采用刺激性较小的消毒药物。冬季气温比较低，所以在运输时应该注意保暖措施，而炎热的夏季应该避免羊只中暑，宜在早晨或傍晚装运羊只。同时要在羊只运输的过程中给其提供清洁充足的饮水。

四、引种后加强饲养管理

1. 饲喂和饮水管理

种羊因为长期运输后，身体状况会受到影响，相比之前会略显疲惫，经常会显得没精神、虚弱、整日困乏。这时应该让种羊充分休息，休息 1 小时后再进行喂水，第一次不能给凉水要给温水，或者水中加点葡萄糖。同时要给种羊饲喂一些易消化的饲草，第一次不宜给太多。

2. 合理进行分群

种羊引进后要再次进行清点，严格按照性别、年龄和体型来分圈，进行分群管理，要对一些比较瘦小的羊进行特殊饲养，逐渐帮助其恢复身体状况。

第四节　肉羊养殖的方式

一、放牧式

这种模式通常是在草原上采用的养殖模式，比较适合在一望无际的大草原上大规模的养殖，在我国中部地区也有相同的方式，不过放养的时候都会有一个人专门看管，防止有落单的羊走失。无论是早上出去的时候，还是晚上回来的时候都要有人去管理，只要放牧的地点青草长得茂盛且周围的地势比较平坦，都适合这种养殖模式，放牧时即便出了事情也能够及时发现并处理。饲料主要是草原上的青草，而且也不用交场地费用，只需搭建一个羊舍，其他就是人工费。

二、野外圈养式

只要地形相对平坦的平原或者丘陵，都适合野外圈养方式。在丘陵上的牧场不连接在一起，不过胜在草料很多，短时间放养还是可以的。把羊群给圈起来，让它们在指定的地点进食，等这里的草料吃得差不多了再换个地方进行圈养即可。还有，为了给羊群御寒挡雨，可以给它们搭建一个简单的小棚子，只不过这种模式对中小养殖规模比较适合，要是大的养殖规模，根本无法实行。

三、山地养殖

这是为了满足市场的需求才逐渐开发出来的养殖模式。就是把山羊放在山地里面圈养，羊群随处都可以进食，且都是纯天然的食材。这种方法养出来的羊肉质鲜美，吃起来有嚼劲，价格也是最高的。这种模式下养的羊通常是不喂饲料的，只有出现一些特殊情况如发育缓慢时，才人工喂食一点饲料，其他方面都和野生的羊群没有多大区别。

四、大型羊舍养殖

养殖肉羊经济效益最佳的模式就是这种了，如果散养的话也可以，不过养殖的成本会很高。这种模式从小羊出生时一直到羊群成年可以出栏为止，全部有科学的养殖管理技术，再加上许多科学设备，无论是从羊群的成活数量还是增肥结果来看，效果都是非常出色的。这种模式需要较大面积的建设用地，羊舍里面各种设施齐全，产量也是最高的，不过投资也是一般养殖户承担不起的。一般情况下一个大型的羊场每年都可以出栏一万头羊以上，要想采用这种养殖模式，需具备一定的资金和市场渠道。

第五节　肉羊养殖成本及效益核算

一、肉羊养殖的风险

养羊与其他家畜养殖一样，都存在一定的风险，主要表现在以下几个方面。

1. 市场风险

市场风险主要包括市场需求变化、政策时效性变化和同业竞争等方面，它们都具有渐进性、规律性、可测性、可控制的特点。肉羊经过育肥后能否销售出去直接关系到养殖者的经济效益，及时确定销售市场及售价较高的市场极为重要。面对市场风险，养殖户要积极了解国家的宏观政策和经济形势，要以平和的心态对待行情变化。当风险来临时，要对整个养殖周期的每个环节进行总结，进一步加强管理，合理控制成本和投入。良好的经营管理和经营环境的营造可以降低此类风险造成的损失。

2. 疾病风险

羊疫病风险具有不确定性，是造成养殖业高风险的重要因素。养羊最大的风险就是疾病，如口蹄疫、巴氏杆菌病、羊痘、大肠杆菌病、传染性脓疱病、小反刍兽疫、布鲁氏菌病、传染性胸膜肺炎、前胃疾病、寄生虫病等。疾病不仅能导致羊生产性能下降，严重时会诱发死亡，极大地损害养殖户的利益，给产业带来很大风险，造成巨大经济损失。

3. 技术风险

技术风险主要指由于养殖者自身技术水平、管理经验和经营技巧的差异，造成羊疾病发生率、生产水平、经济效益的不同结果所带来的风险，直接影响养殖者的收益、投资信心，甚至生活水平。如果养殖技术或经验不足，一旦发病，羊会出现生产性能下降甚至大批死亡，造成巨大的经济损失。

4. 政策风险

农业政策中的肉羊良种补贴、标准化示范场建设和草原生态保护补助奖励、环保评价政策、禁牧政策及贸易自由化等变化经过传导最终会影响肉羊产品的价格。如2015年在上述各项有利政策的促进下，本应上市的部分肉羊作为繁殖母羊饲养，导致市场羊肉供应量减少，促使羊肉价格继续在高价位运行。此后，随着扩大规模和新上马羊场的羊经过繁殖周期后开始供给市场，市场肉羊供应不断增多。再加上我国经济发展速度放缓，受各种因素影响，市场消费能力下降，活羊及羊肉价格下跌严重。

5. 环境风险

一是自然灾害因素，如地震、水灾、风灾、冰雹、霜冻等气象、地质灾害对肉羊生产会造成损失，从而带来风险；二是国民的肉类消费理念也会影响羊肉消费量；三是国家陆续出台的相关法律和法规，《环境保护法》《畜禽规模养殖污染防治条例》《中华人民共和国食品安全法（修订草案）》《中华人民共和国土地管理法》等对羊养殖业提出更高、更严的要求。

6. 资金风险

由于缺乏足够的资金保障使得肉羊养殖不能顺利开展，从而造成资金风险。

7. 羊源风险

目前，新建羊场逐渐增多，因育肥场投资相对较少、周转快，受到广大养殖者的青睐。但如果育肥场不断增多，而羔羊数量有限，势必会抬高羔羊价格，从而导致育肥场的养殖成本增加。因此，对于想新建场的养羊者，不要盲目跟风，要根据当地的养殖特点和资金情况，理性投入，并选择适合自身特色的养殖模式。

二、降低养殖风险的措施

在肉羊养殖过程中，通常情况下需要投入大量的养殖成本，在养殖期间存在一定风险。不同因素都会对养殖工作造成影响，这对经济效益会产生一定制约，可以考虑采取以下措施来降低风险。

1. 引进良种肉羊

肉羊品种的选择，会在很大程度上对肉羊养殖效益产生影响。虽然不同的肉羊品种都可以被制作成相应的羊肉制品，但是不同品种之间的羊肉质量存在很大差异。为了最大程度上避免肉羊品种对养殖效益产生影响，在品种的选择过程中，需要尽量选择出栏较快、含肉量较高的肉羊品种，这样才能降低养殖成本，创造更多经济效益与社会效益。

2. 提高繁育技术水平

为使得养殖效益得到保障，需要加强先进繁育技术的利用。通过科学合理的繁育技术，不仅能够提升母羊的生产效率，同时能够缩短生产时间，减少育肥过程中的额外支出。除此之外，为使得繁殖效率得到保障，需要保证母羊受孕率，提升幼仔成活率。针对母羊受孕率与幼仔成活率，需要养殖工作人员结合实际情况采取有效措施，从而为养殖效益的提高提供便利条件。

3. 加强防疫工作

肉羊在养殖过程中，会面临一定的疫病影响，一旦肉羊产生疫病，那么养殖户为解决疫病问题，需要投入更多资金。不仅如此，还会对肉羊的健康成长造成影响。基于此，在养殖过程中，需要做好疫病防控工作。一旦发现患病肉羊，不仅需要及时做好隔离工作，同时对患病肉羊需要进行严格检查，明确其疫病类型，从而给出相应的解决措施。与此同时，还需要定期对肉羊接种疫苗，通过疫苗接种提升肉羊抵抗力与免疫力。除此之外，由于羊圈是肉羊的主要生活区域，所以需要定期做好消毒工作。保证羊圈内通风良好，有着适宜的温度。在消毒过程中，需要保证消毒剂使用的合理性，避免消毒剂使用过量对肉羊自身产生影响。通过消毒将病毒杀灭，降低肉羊患病概率。

4. 加强饲养管理

在肉羊养殖期间，需要采取科学合理的肉羊饲养方式，不仅可以避免肉羊患病，同时可以使肉羊质量得到保障。在饲养工作中，需要饲养人员意识到自身工作的重要性，端正工作态度，积极学习有关肉羊养殖相关知识，对不同阶段肉羊的成长规律及习性等充分了解。这样对于不同阶段的肉羊，可以采取不同的饲养方式，保证在肉羊的不同成长阶段，每日都能摄取充足营养，保证肉羊营养均衡。在饲养期间，要保证粗粮与细粮的科学合理搭配。尤其是在母羊受孕期间，为保证幼仔的健康成长，必须保证摄入充足营养。通过该种方式，可以保证在幼仔时期能够具备良好的抵抗力与强健体魄。如果母羊在怀孕期间，营养不到位，那么产下的幼仔不仅抵抗力较低，而且其成活率无法得到保障。对于幼仔的喂养，尽量在初期投喂质量较高的青草。在幼仔成长到 20 天后，可以投喂混合饲料，同时可以向其投入玉米等饲料，这样有助于幼仔消化。当幼仔能够适应喂养后，可以结合幼仔实际情况，对饲料进行调配，为幼仔的健康成长提供保障。

第三章
肉羊饲养管理与饲料配制

第一节　肉羊的消化特点

一、消化器官的特点

羊属于反刍类动物，具有复胃结构。其消化器官的特点是胃肠容积大，食物在消化道内停留时间长，消化液分泌量大，消化能力强，适宜利用粗饲料。

绵羊的胃容积约为 30 升，山羊的约为 16 升。其中瘤胃容积最大，占胃容积的 79%。其功能是贮藏采食的未经充分咀嚼而咽下的大量饲草，待休息时反刍。内含大量微生物，可分解食物。网胃的功能类似瘤胃。瓣胃对食物起机械压榨作用。皱胃可分泌胃液，对食物进行化学性消化。

羊的小肠细长曲折，长度是体长的 25～30 倍，内含各种消化液，消化分解的营养物质经此吸收。未被消化吸收的食物，由于小肠的蠕动而被推进到大肠。

大肠的直径比小肠大，长度比小肠短，约为 8.5 米。大肠的主要功能是吸收水分和形成粪便。在小肠没有被消化的食物进入大肠，可在大肠微生物和由小肠带入大肠的各种酶的作用下，继续消化吸收，余下部分排出体外。

羊有发达的唾液腺，可以分泌大量的弱碱性唾液，具有润滑、浸润食物和中和胃酸的功能。羊的唾液分泌受饲粮的种类和物理结构影响，每昼夜可分泌 6～16 升。

二、羊的消化机能特点

（一）反刍

反刍是指反刍动物将没有充分咀嚼而咽入瘤胃内的饲料经浸泡软化和一定时间的发酵后，在休息时返回口腔仔细咀嚼的特殊消化活动，包括逆呕、再咀嚼、再混入唾液和再吞咽四个阶段。反刍是羊的重要消化生理特点，反刍停止是疾病征兆，不反刍会引起瘤胃臌气。

羔羊出生后，约 30 天开始出现反刍行为，早期补饲容易消化的植物性饲料，能刺激前胃的发育，可提早出现反刍行为。成年羊每天反刍次数为 8 次左右，逆呕食团约 500 个，每次反刍持续 40～60 分钟，有时可达 1.5～2 小时。反刍次数及持续时间与草料种类、品质、调制方法及羊的体况有关。过度疲劳、患病或受外界强烈刺激，会造成反刍紊乱或停止，对羊的健康造成不利影响。

（二）瘤胃微生物的作用

1. 瘤胃微生物的种类

瘤胃微生物的区系十分复杂，且常因饲料种类、给饲时间、个体差异等因素而变化。瘤胃微生物主要为细菌、原生动物（主要包括鞭毛虫、纤毛虫）、真菌，但在消化中以厌氧性纤毛虫和细菌为主，它们的种类和数量也最多。每毫升瘤胃内容物中，约含细菌150亿～250亿个和纤毛虫60万～100万个，其总容积约占瘤胃液的3.6%，其中细菌和纤毛虫各约占50%（按容积计）。但就代谢活动的强度和其作用的重要性来说，细菌远远超过纤毛虫。

2. 瘤胃微生物的作用

瘤胃内微生物的主要营养作用可以概括为以下四个方面：

（1）消化碳水化合物 羊食入碳水化合物，尤其是纤维素，在瘤胃内多种微生物分泌的酶的综合作用下，使其发酵和分解，最终生成挥发性低级脂肪酸、甲烷和二氧化碳。其中挥发性低级脂肪酸，如乙酸、丙酸和丁酸，被瘤胃壁吸收，通过血液循环，参与代谢，成为羊最主要的能量来源。据测定，绵羊在一昼夜内分解碳水化合物形成挥发性脂肪酸的数量高达500克，可满足羊体对总能量需要的40%。甲烷和二氧化碳等气体通过嗳气排出体外。

（2）提供微生物蛋白质 反刍动物能同时利用饲料中的蛋白氮和非蛋白氮，构成微生物蛋白质，供机体利用。进入瘤胃的饲料蛋白，一般约有30%～50%未被瘤胃微生物分解而排入后段消化道，其余则在瘤胃微生物分泌的酶作用下分解为肽、氨基酸和氨，同时也可将饲料中的非蛋白氮化合物分解为氨。在一定条件下，微生物又可以利用这些分解产物（肽、氨基酸和氨）合成自身蛋白质，即微生物蛋白质。微生物蛋白含有反刍动物所必需的各种氨基酸，且比例合适，组成较稳定，生物学价值高。当这些微生物到达皱胃及十二指肠等后段消化道以后，其细胞蛋白质像蛋白质饲料一样被反刍动物消化吸收。据研究报道，绵羊饲喂干草精料饲粮时，一昼夜可从瘤胃获得大约30克菌体蛋白，可满足羊基础代谢对蛋白质需要量的30%～40%。

（3）脂肪的分解和氢化 饲料中所含脂肪大部分为甘油三酯，所含脂肪酸主要是不饱和脂肪酸（如亚麻油酸）。饲料中甘油三酯在瘤胃内大部分被瘤胃微生物彻底水解，生成甘油和脂肪酸等物质。其中甘油发酵生成丙酸，少量被转化成琥珀酸和乳酸；不饱和脂肪酸在瘤胃微生物的作用下氢化形成饱和脂肪酸，进而被羊体吸收利用或合成体脂。

（4）合成 B 族维生素和维生素 K　瘤胃微生物能合成多种 B 族维生素。其中硫胺素绝大部分存在于瘤胃液中，40％以上的生物素、泛酸和吡哆醇也存在于瘤胃液中，能被瘤胃吸收。叶酸、核黄素、尼克酸和维生素 B_{12} 等大都存在于微生物体内，瘤胃只能微量吸收。此外，瘤胃微生物还能合成维生素 K。

三、羔羊的消化机能特点

初生羔羊，前三胃的作用很小，瘤胃微生物的区系尚未形成，不能发挥瘤胃的应有功能，不能反刍，也不能对饲料进行微生物分解和发酵，此时期的胃功能基本上与单胃动物一样，只起到真胃的作用，羔羊所吮母乳顺食道沟进入皱胃，由皱胃所分泌的凝乳酶进行消化，同时，小肠液中淀粉酶活性低，因而消化淀粉的能力是有限的。随日龄增长和采食植物性饲料的增加，羔羊前三胃的体积逐渐增加，约在 30 日龄开始出现反刍活动，此后皱胃凝乳酶的分泌逐渐减少，其他消化酶分泌逐渐增多，对草料的消化分解能力开始加强，瘤胃的发育及其机能才逐渐完善。

第二节　肉羊的营养需要和饲养标准

一、肉羊的营养需要

动物的营养需要是指动物在最适宜环境条件下，正常、健康生长或达到理想生产成绩对各种营养物质种类和数量的最低要求。肉羊的营养需要主要包括能量、蛋白质、碳水化合物、脂肪、矿物质、维生素和水等。

（一）能量的需要

能量是肉羊生命活动和生产过程的第一营养要素，能量缺乏时羔羊表现为生长缓慢，免疫力下降。母羊多表现为体重减轻，繁殖力下降，羔羊体重下降，产奶量不足，泌乳期缩短，羊毛的产量和质量都下降。在饲养实践中，羊采食干物质不足，或采食劣质饲料，或饲粮中能量浓度太低等均会导致能量缺乏。饲粮能量水平过高，对羊的生产和健康同样是有害的，同时还造成了饲料浪费。

羊对能量的需要与体重、年龄、生长及饲粮中能量与蛋白质的比例有关，还与生活环境、活动程度、生理阶段等因素有关。一般放牧羊比舍饲羊消耗热能多，因游走距离而异，范围在 $10\%\sim100\%$；冬季较夏季多耗热能 $70\%\sim90\%$；哺乳双羔的能量需要是维持需要量的 $1.7\sim1.9$ 倍。在养羊生产中，能量多以消化能（DE）或代谢能（ME）表示。

（二）蛋白质的营养需要

蛋白质是细胞的重要组成成分，参与体内代谢过程，在生命活动中起着重要作用。羊对蛋白质的数量和质量要求并不严格，因为瘤胃微生物能利用非蛋白氮中的氨合成生物学价值较高的菌体蛋白。但非蛋白氮的利用是有限的，饲料中仍需合理供应蛋白质。

能量和蛋白质是营养中的两大重要指标，饲粮中这两种营养物质的比例关系直接影响羊的生产性能。饲粮中蛋白质适量或生物学价值高，可提高饲料代谢能的利用，使能量沉积量增加。如果饲粮中能量浓度降低，蛋白质量不变，羊为满足能量需要，势必多采食，造成蛋白质摄入量增多，多余的蛋白质转化为低效的能量很不经济。反之，饲粮中能量过高，则采食量下降而蛋白质摄入不足，会造成羊只生长缓慢，繁殖力、产毛量下降，影响瘤胃的作用效果。严重缺乏时，会导致羊只消化紊乱，体重下降，抗病力减弱。因此，饲粮中保持能量和蛋白质合理的比例，可以节省蛋白质，保证能量的最大利用率。

羊对蛋白质的需要量随年龄、体况、体重、妊娠、泌乳等不同而异。幼龄羊由于生长较快，对蛋白质的需要量就多，随着年龄的增长，生长速度的减慢，对蛋白质的需要量也随之下降，直到成年后体内蛋白处于动态平衡状态。妊娠羊、泌乳羊、育肥羊对蛋白质的需要量相对较高。一般肉羊饲粮中蛋白质含量应为12%～20%为宜。饲养标准和饲料养分中，蛋白质均以粗蛋白质（CP）或可消化粗蛋白质（DCP）表示。

（三）碳水化合物的营养需要

碳水化合物是一类结构复杂的有机物，包括淀粉、糖类、半纤维素、纤维素和木质素等。肉羊饲粮中碳水化合物应有合理的结构，即易消化碳水化合物（淀粉和糖类）与纤维性物质的含量均应适宜。易消化碳水化合物在瘤胃内可以快速降解，能在任何时间满足瘤胃微生物的能量需要，提高瘤胃发酵效率，另外羊体内也需要一定量的葡萄糖，羊能否获得所需葡萄糖对其健康和生产潜力的发挥有显著的影响。羊所需葡萄糖大部分靠丙酸异生获得，而饲粮中易消化碳水化合物增加时可以增加瘤胃发酵中丙酸比例。纤维性物质同样是肉羊能量的重要来源，同时还对维持胃肠道的正常生理功能起到重要作用，部分饲养标准中对饲粮粗纤维含量也做出了规定。肉羊饲粮中碳水化合物应占干物质50%～90%，饲粮中粗纤维的含量以20%左右为宜。最佳中性洗涤纤维（NDF）水平为35%～45%。

（四）脂肪营养需要

脂肪是构成体组织的重要成分，羊的各种器官和组织都含有脂肪。脂肪不仅是构成羊体的重要成分，也是能量的重要来源，另外，脂肪也是脂溶性维生素的溶剂，饲料中维生素A、维生素D、维生素E、维生素K及胡萝卜素，只有被饲料中脂肪溶解后，才能被羊体吸收利用。

羊能够利用饲料中碳水化合物转化为脂肪酸，然后再合成体脂肪，但一些脂肪酸羊体不能直接合成，通常把这些不能直接合成的脂肪酸称为必需脂肪酸，主要包括十八碳二烯酸（亚麻油酸）、十八碳三烯酸（次亚麻油酸）和二十碳四烯酸（花生油酸），必需脂肪酸必须从饲料中获得，若饲粮中缺乏这些脂肪酸，羔羊生长发育缓慢、皮肤干燥、被毛粗直、有时易患脂溶性维生素缺乏症。一般饲料中脂肪含量基本上可满足羊体需要。羊饲粮中脂肪含量超过10%会影响瘤胃微生物发酵，阻碍羊体对其他营养物质的利用。

（五）矿物质的营养需要

羊体组织中的矿物质占3%～6%，是生命活动的重要物质，几乎参与所有的生理过程。如缺乏，会引起神经系统、肌肉运动、食物消化、营养运输、血液凝固、体内酸碱平衡等功能紊乱，影响羊的健康乃至导致死亡。研究表明，羊体内有多种矿物质元素，其中15种是必需元素。钠、氯、钙、磷、镁、钾、硫为常量元素，碘、铁、钼、铜、钴、锰、锌、硒为微量元素。

在常量元素里，羊易缺乏的是钙、磷、钠和氯，钙磷缺乏或比例不当，幼龄羊会出现佝偻病，成年羊发生软骨症或骨质疏松症。饲粮中的钙磷比以2∶1为宜。植物性饲料不能满足羊对钠和氯的需要，每天给肉羊喂一定数量的食盐可以满足钠、氯的需要，并能提高饲料的适口性，增加采食量。硫是羊毛的重要成分，也是保证瘤胃微生物最佳生长的重要养分，如缺乏导致的症状与蛋白质缺乏症状相似，出现食欲减退，增重减少，毛的生长速度降低，影响纤维素的消化和瘤胃内挥发性脂肪酸的比例。可补饲硫酸盐。检测指标是瘤胃液的氮硫比，适宜的氮硫比是（10～14）：1。镁有许多生理功能，缺乏时主要症状是痉挛，俗称"草痉挛"，此病常发生在晚冬和早春放牧季节。可补饲硫酸镁。

在微量元素里，有的地方土壤中缺硒，羊采食当地饲料易出现缺硒症状。羔羊表现为白肌病、生长发育受阻，母羊表现为繁殖机能紊乱、多空怀和死胎。需要注意的是硒元素有毒，应严格控制添加剂量。铜与羊毛生长关系密切，并参与有色毛的色素形成。钴有助于瘤胃微生物合成维生素 B_{12}，如缺乏可补硫酸钴。

（六）维生素的营养需要

维生素是维持生命和健康的营养要素。它对于羊体的健康、生长和生殖有着重要的作用。维生素包括脂溶性维生素（维生素 A、维生素 D、维生素 E、维生素 K）和水溶性维生素（B族维生素和维生素 C）两大类。这些维生素除了从饲料中获取外，瘤胃微生物还能合成。在养羊生产中，一般对维生素 A、维生素 D、维生素 E较重视，当瘤胃机能不正常或瘤胃微生物区系没有建立时，饲粮中需添加 B族维生素和维生素 K。

（七）水的营养需要

水是肉羊机体的重要组成部分，它是生命和一切生理活动的基础，约占体重的 55％～60％，水参与羊体内营养物质的消化、吸收、排泄等过程，对调节体温起着重要作用。羊体内失水 5％食欲减退，失水 10％可导致代谢紊乱，失水 20％则会引起死亡。羊体需水量随饲料中蛋白质和食盐的增高而增加，随气温的升高而增加，母羊妊娠、泌乳饮水量也增加。一般情况下，饮水量为干物质采食量的 2～3 倍。

二、羊的饲养标准

羊的饲养标准就是反映羊在不同发育阶段、不同生理状况、不同生产方向和水平下对能量、蛋白质、矿物质和维生素等营养物质的需要量。由于肉羊品种多、饲料资源差别大，所以不同标准中各营养素的推荐值略有差异。

目前，较权威的羊饲养标准主要有美国 NRC（1985，2007）、英国 AFRC（1993）、法国 INRA（1989）、澳大利亚 CSIRO（2007）、中国肉羊农业行业饲养标准（2004）和中国肉用绵羊营养需要（刁其玉，2019）。这些标准中所应用的指标体系虽有不同，但都将能量和蛋白质作为饲粮限制性营养物质，在配制饲粮时，首先要满足肉羊对能量和蛋白质的需要量。以美国的绵羊饲养标准（NRC，1985）为例，该标准中具体规定了各类绵羊不同体重阶段所需的干物质、粗蛋白、代谢能、钙、磷、维生素 A 和维生素 E 等营养物质的需要量，具体见表 3-1。

表 3-1　美国的绵羊饲养标准（NRC，1985）

体重/千克	日增重/克	食入干物质/千克	粗蛋白/克	代谢能/兆焦	钙/克	磷/克	维生素 A/单位	维生素 E/单位
母羊维持								
50	10	1	95	8.37	2	0.8	2350	15
60	10	1.1	104	9.21	2.3	2.1	2820	16
70	10	1.2	113	10.05	2.5	2.4	3290	18
80	10	1.3	122	10.89	2.7	2.8	3760	20
90	10	1.4	131	11.72	2.9	3.1	4230	21
催情补饲至配种前 2 周和配种后 3 周								
50	100	1.6	150	14.25	5.3	2.6	2350	24
60	100	1.7	157	15.07	5.5	2.9	2820	26
70	100	1.8	164	15.91	5.7	3.2	3290	27

体重 /千克	日增重 /克	食入干物质 /千克	粗蛋白 /克	代谢能 /兆焦	钙/克	磷/克	维生素 A /单位	维生素 E /单位
催情补饲至配种前 2 周和配种后 3 周								
80	100	1.9	171	16.75	5.9	3.6	3760	28
90	100	2	177	17.58	6.1	3.9	4230	30
非泌乳期至妊娠前 15 周								
50	30	1.2	112	10.05	2.9	2.1	2350	18
60	30	1.3	121	10.89	3.2	2.5	2820	20
70	30	1.4	130	11.72	3.5	2.9	3290	21
80	30	1.5	139	12.56	3.8	3.3	3760	22
90	30	1.6	148	13.25	4.1	3.6	4230	24
妊娠最后 4 周或哺乳单羔的泌乳期后 4 周								
50	180(45)	1.6	175	14.25	5.9	4.8	4250	24
60	180(45)	1.7	184	15.07	6	5.2	5100	26
70	180(45)	1.8	193	15.91	6.1	5.6	5950	27
80	180(45)	1.9	202	16.75	6.2	6.1	6800	28
90	180(45)	2	212	17.58	6.3	6.5	7650	30
育成母羊								
30	227	1.2	185	11.72	6.4	2.6	1410	18
40	182	1.4	176	13.82	59.5	2.6	1880	21
50	120	1.5	136	13.4	4.8	2.4	2350	22
60	100	1.5	134	13.4	4.5	2.5	2820	22
70	100	1.5	132	13.4	4.6	2.8	3290	22
育成公羊								
40	330	1.8	243	21.35	7.8	3.7	1880	24
60	320	2.4	263	23.03	8.4	4.2	2820	26
80	290	2.8	268	26.8	8.5	4.6	3760	28
100	250	3	264	28.89	8.2	4.8	4700	30
肥育幼羊								
30	295	1.3	191	14.25	6.6	3.2	1410	20
40	275	1.6	185	18.42	6.6	3.3	1880	24
50	205	1.6	160	18.42	5.6	3.0	2350	24

第三节 肉羊饲料的配制

一、肉羊的饲料

肉羊常用饲料种类繁多，按国际饲料分类法可分为粗饲料、青绿饲料、青贮饲料、能量饲料、蛋白质饲料、矿物质饲料、维生素饲料和饲料添加剂 8 大类。

（一）粗饲料

粗饲料指含能量低，而粗纤维含量高（约占干物质 20％以上）的植物性饲料，这类饲料的体积大、消化率低，但资源丰富，是肉羊主要的饲料。常见粗饲料包括干草、秸秆和秕壳等。

干草是由青绿牧草在抽穗期或花期刈割后干制而成。干草的营养价值与牧草种类、物候期和调制技术密切相关。整体而言干草粗纤维含量较高，一般是 26.5％～35.6％；粗蛋白质的含量随牧草种类不同而异，豆科干草较高为 14.3％～21.3％，而禾本科牧草较低为 7.7％～9.6％；能量值差异不大，消化能约为 9.63 兆焦/千克；钙的含量一般豆科干草高于禾本科干草，如苜蓿为 1.42％、禾本科为 0.72％。

秸秆指农作物收获后剩下的茎叶部分，其特点是粗纤维含量高，约占干物质的 31％～45％；木质素、半纤维素、硅酸盐含量高，且质地粗硬、适口性差、消化率低。秸秆饲料虽有许多不足之处，但经过加工调制后，营养价值和适口性有所提高，仍是肉羊的主要饲料。

秕壳指农作物在收获时，除分离出秸秆外还分离出很多包被籽实的颖壳、荚皮与外皮等，这些分离物统称为秕壳。它们的成分与营养价值往往有很大变异。总的来看，它们的能量价值略高于同一作物秸秆，在蛋白质含量方面豆科的秕壳优于禾本科。

（二）青绿饲料

青绿饲料指天然水分含量在 60% 以上的青绿牧草、饲用作物、树叶类及非淀粉质的根茎、瓜果类。该类饲料青绿幼嫩，含水分多，可供放牧，也可刈割后直接饲喂。青绿饲料的营养成分含量和饲用价值因受多种因素影响，差异较大。青绿饲料蛋白质的氨基酸组成较为平衡，通常优于籽实中的蛋白质，无氮浸出物含量较多，粗纤维较少，容易被消化吸收，此外，青绿饲料中富含各种维生素。

（三）青贮饲料

青贮饲料指以天然新鲜青绿植物性饲料、半干青绿植株、新鲜高水分玉米籽实或麦类籽实为原料，在厌氧条件下，经过以乳酸菌为主的微生物发酵后调制成的饲料。青贮饲料有三种类型：其一是由新鲜的天然植物性饲料调制的青贮饲料，一般含水率在 65%～75%；其二是含水量 45%～55% 的半干青绿植株调制成的青贮饲料；其三是以新鲜玉米籽实为主要原料的谷物青贮饲料，其水分含量 28%～35%，经青贮后可防止霉变，保持品质。饲料青贮后，很好地保存了饲料的养分，而且质地变软，具有芳香味，能增进食欲，提高消化率，是肉羊的优良饲料。

（四）能量饲料

能量饲料指饲料干物质中粗纤维含量小于 18%、粗蛋白质含量小于 20% 的饲料，主要包括禾本科籽粒及其加工副产品。

禾本科籽实含有丰富的无氮浸出物，其中主要成分为淀粉，干物质中粗蛋白质的含量约在 8.9%～13.5%，品质不高；粗纤维含量低，一般在 6% 以下；脂肪含量少，一般占 2%～5%，大部分分布在胚和种皮中，主要是不饱和脂肪酸。禾本科籽实包括玉米、小麦、大麦、稻谷、高粱等，其中最具代表性的为玉米，通常占肉羊精料补充料的 60% 以上。

禾本科籽实加工副产品主要指糠麸类饲料。制米的副产品称为糠，制面粉的副产物为麸。糠麸类饲料主要有米糠、麦麸和玉米皮等。糠麸类饲料一般无氮浸出物的量（为 40%～62%）比籽实少，粗蛋白质含量为 10%～17%，粗纤维占 10% 左右。

（五）蛋白质饲料

蛋白质饲料是指饲料干物质中粗纤维含量小于 18% 而粗蛋白质含量大于或等于 20% 的饲料，包括植物性蛋白质饲料，如豆科籽实及其加工副产品、糟渣类、饼粕类、动物性蛋白质饲料以及工业合成的氨基酸和饲用非蛋白氮等。肉羊饲养过程中常用的主要为豆科籽实和饼粕类蛋白原料。

豆科籽实中最为常用的是大豆，大豆富含蛋白质和脂肪，无氮浸出物含量也较多，能量较高，大豆因含有丰富的具有完全价值的蛋白质，是肉羊最好的蛋白质饲料。大豆熟喂效果最好，因它所含的抗胰蛋白酶被破坏，故能增加适口性和提高蛋白质的消化率及利用率。

饼粕类饲料以植物籽实或果仁为原料，用压榨法取油后的副产品为饼，用浸提法或经预压后再浸提取油后的副产品称为粕。饼粕类饲料可消化蛋白质含量达 31.0%～40.8%，氨基酸组成较完全。常用的饼粕类饲料包括大豆粕、棉粕、菜籽粕、花生饼等。大豆粕是饼粕类饲料中数量最多的一种，一般粗蛋白质含量在 40% 以上，其中必需氨基酸的含量比其他植物性饲料都高，是植物性饲料中生物学价值最高的一种。棉粕是棉籽浸提取油后的副产品，随着棉籽脱壳工艺的改进，棉粕蛋白质含量可达 50% 以上，棉粕赖氨酸缺乏，但蛋氨酸和色氨酸都高于豆粕。棉粕中含有棉酚，可使种羊尤其是种公羊生殖细胞发生障碍，因此在使用中应控制添加量，育肥羊可以棉粕为主要蛋白质饲料，在精料中可占20%～40%。菜籽粕含粗蛋白质34%～38%，含赖氨酸丰富，尼克酸含量也高于其他饼粕类饲料。菜籽粕含有硫代葡萄糖苷和芥酸等，要控制用量或喂前要脱毒。菜籽粕在精料中一般不超过10%。

(六) 矿物质饲料

矿物质饲料是指以可供饲用的天然矿物质，如食盐、石粉、沸石粉、膨润土等，化工合成无机盐类和有机配位体与金属离子的螯合物，如磷酸氢钙、硫酸铜、蛋氨酸锌等；矿物质饲料除食盐外，其它原料一般以预混料的形式添加，使用量应该控制在安全范围之内。

(七) 维生素饲料和饲料添加剂

维生素饲料指工业合成或提纯的单种维生素或复合维生素，但不包括某一种或几种维生素含量较多的天然饲料。常用的包括维生素A棕榈酸酯、维生素D_3、维生素E、硝酸硫胺、生物素、烟酰胺等，肉羊养殖过程中应根据饲料组成情况添加维生素。

饲料添加剂是指为了利于营养物质的消化吸收，改善饲料品质，促进动物生长和繁殖，保障动物健康而掺入饲料中的少量或微量物质。肉羊常用的饲料添加剂包括缓冲剂、酶制剂、微生态制剂以及植物提取物等。

二、饲料的加工与调制

饲料的加工与调制有利于饲料的贮存，同时改变饲料的物理形态，能提高饲料的适口性和消化率。晒制青干草、青贮、秸秆氨化和饲料的粉碎等是肉羊饲料的主要加工方法。

（一）青干草的晒制

禾本科牧草宜在抽穗期、豆科牧草宜在孕蕾期或始花期进行收割。收割后多数采取自然干燥法晒制，也有的采用人工干燥法调制。自然干燥一般分为两个阶段：第一阶段，为使青草的细胞迅速死亡，减少养分的损失，青草刈割后，先把草放在干燥平坦处摊薄平晒，勤翻动，迅速降低青草中的含水量，争取在 4～5 小时内使水分降到 40% 左右；第二阶段，将草堆集成 0.5～1 米高的草堆，保持草堆松散通风，任其逐渐风干。当水降至 20%～25% 时，打成 30～50 千克的草捆，运至棚中堆贮。待水分降至 14%～17% 时，即可上垛贮藏。

（二）常规青贮饲料的加工调制

常规青贮饲料是水分含量在 70% 左右时所调制的青贮饲料，它是把新鲜的青绿饲料填入青贮塔、青贮窖、塑料袋或者其他密闭的容器里，经过乳酸菌的发酵作用而制成的一种多汁、耐贮、可供全年饲用的一种青绿多汁饲料。

1. 青贮条件

青贮过程中要控制好湿度、温度以及创造无氧环境才能确保青贮的成功。青贮原料适宜的含水量为 65%～75%，但豆科植物却以 60%～70% 为宜，含水量过多或过少对青贮质量有不利的影响。青贮窖内适宜的温度为 20℃，最高不超过 37℃。为创造无氧环境，青贮原料入窖前，一定要铡短踩实，排出和隔绝空气，使乳酸菌生长与繁殖加速，以产生大量乳酸。

2. 制作技术要求

必须尽量缩短原料由收割入窖至密封覆盖的时间，要做到"六随三要"：随割、随运、随铡、随装、随踩、随封；原料要切碎、装填要踩实、窖顶及四周要封严。随着青贮机械设备的应用，目前青贮工艺变得更加便捷也更加科学。

（三）秸秆氨化料的加工调制

氨化料是用尿素、碳铵等来处理秸秆而获得的一种粗饲料。具体操作步骤是：第一，根据秸秆的重量，算出尿素的需要量，再配成处理用的尿素溶液。一般来说，气温在5～10℃时，每100千克秸秆（干物质）需尿素3千克；而气温在20～27℃时，每100千克秸秆（干物质）需尿素5.5千克。处理时，将尿素配成5％尿素溶液。第二，将尿素溶液拌匀，再喷洒到经切细（3～5厘米）的秸秆上，边喷洒，边搅拌，一层一层地喷洒，再一层一层地压实，一直到窖顶。第三，最后封上塑料薄膜并压紧。氨化品质好的秸秆应为棕色或深黄色，发亮，有草糊香味，质地柔软。用氨化秸秆饲喂羊时，要注意饲料搭配，才能获得好的效果。

（四）精饲料的加工调制

1. 磨碎

将禾本籽实（如玉米、大麦）和豆科籽实（如大豆、豌豆）等饲料磨碎成小的颗粒。精饲料磨碎后，为均匀地搭配饲料提供了方便，也有利于羊对饲料的消化吸收，但不能磨得太细，否则粉状饲料的适口性反而变差。但也不能磨得太粗，否则将达不到粉碎的目的，因此一般采用中磨为宜。精饲料粉碎后，含脂肪量高的玉米、燕麦等不宜长期保存。所以，粉碎后的精料应在短期内用完。

2. 浸泡

坚硬的籽实或饼粕（如豆饼）用水浸泡，以使之软化，有利于嚼碎或溶去有毒物质，对磨碎的精料，喂前拌湿，可防止因粉尘呛入气管而致病。浸泡硬质饲料时要注意气温，夏季不宜浸泡油饼。因为时间延长会使饲料发馊，时间短又泡不透。

3. 蒸煮和焙炒

豆科籽实含有抗胰蛋白酶，对羊体有害。蒸煮或焙炒能破坏这种物质，从而提高消化率和适口性。禾本科籽实含淀粉较多，蒸煮或焙炒能使淀粉糖化，变成糊精，产生香味，从而提高消化率和适口性。

三、肉羊饲粮的配合

羊饲料的配合要根据体重、用途、生产性能、性别、年龄以及当地饲料资源情况选择适宜的饲养标准和饲料营养成分表，并根据实际饲养情况在饲养标准的基础上进行调整，具体过程如下：

① 确定饲喂对象的饲养标准。

② 先满足粗料的喂量，注意优质干草和青贮饲料的搭配，其干物质占总饲粮干物质的 50%～70%。有的饲养标准已标明精粗料比。

③ 用精料补充料补充营养不足部分，其干物质占总饲粮干物质的 30%～50%。精料补充料中，籽实饲料占 60%～80%，蛋白质饲料占 15%～20%。

④ 用矿物质补充料平衡饲粮中的钙磷比例。矿物质饲料占 2%～3%。

⑤ 整理配方。将以干物质为基础计算的饲粮，还原到饲喂状态的风干物重量，即饲料干物质用量/干物质含量。

整体而言，肉羊饲粮的配合既要符合饲养标准，又要考虑到饲粮的经济性，同时还要考虑到羊的消化特点，其体积要求羊能全部吃进去。

四、肉羊饲料使用规范

肉羊所需饲料原料或饲料添加剂,应具有该品种应有的色、嗅、味和形态特征,无发霉、变质、结块及异味。饲料中使用的饲料原料或添加剂应是农业农村部允许使用的《饲料原料目录》和《饲料添加剂品种目录》中所规定的品种以及取得批准文号的新品种。饲料中有毒有害物质及微生物允许限量应符合《饲料卫生标准》(GB 13078)的规定。肉羊配合饲料、浓缩饲料、精料补充料和添加剂预混合饲料中的药物饲料添加剂使用应遵守《饲料药物添加剂使用规范》。严格执行《饲料和饲料添加剂管理条例》及《农业转基因生物安全管理条例》的有关规定。

第四节 肉羊常规管理

一、肉羊的饲养方式

肉羊的饲养方式主要有放牧、舍饲及半放牧半舍饲三种,在饲养中究竟应采用哪种方式,应根据饲养品种的生活习性和当地实际条件综合而定。

(一)放牧饲养

放牧是肉羊的传统养殖方式。放牧饲养的优势是能充分利用天然的植物资源、降低养羊生产成本及增加运动量而有利于羊体健康等。但由于草场类型不一,草质、地形差异较大,加上我国大部分草场退化严重,因此放牧饲养并不适合肉羊的集约化养殖。放牧饲养受季节影响较大,在冬季枯草期常会发生草不够羊吃的矛盾。因此,该法需要与草场改良、贮草越冬和补饲精料等措施相结合,采取放牧加补饲的饲养方式，才能使羊安全越冬和收到更好的经济效益。

（二）舍饲养羊

舍饲养羊是指主要在羊舍内进行养羊的一种方式，比较适合于城镇近郊、土地有限的农区和封山禁牧的林区，舍饲养羊利于专业农户和大型养羊场的规模化饲养及集中育肥，是现代养羊业的发展方向。与自然放牧养羊比，舍饲养羊更便于科学管理，如羊的人工授精、使用饲料添加剂、统一驱虫和注射疫苗等饲养管理措施更易于应用和推广，舍饲条件下要实行"定时、定量、定质、定人"的饲养管理，即有专人按时投料，供给足够量的料草，按营养标准配置全价饲粮和精料补充料，确保饲粮符合羊的营养需要。

（三）半放牧半舍饲

这种饲养方式常见于农区和半牧区，肉羊白天放牧归来后补饲精料，夜间添加干草。此种饲养方式，羊只营养全面，运动充足，光照丰富，节省草料，体质健壮，特别适宜于羔羊、青年羊的培育和种公羊的饲养。在牧区，根据四季牧草生长的特点，在青草期实行放牧饲养，在枯草期实行舍饲饲养，也可归为放牧半舍饲的一种方式。

二、肉羊的日常管理

（一）编号

为了科学地管理羊群，需对羊只进行编号。目前最为常用的方法为带耳标法。耳标用以记载羊的个体号、品种及出生年月等。耳标一般戴在左耳上。用打耳钳打耳时，应在靠耳根软骨部，避开血管，用碘酒在打耳处消毒，然后再打孔，如打孔后出血，可用碘酒消毒，以防感染。

（二）记录

羊只编号以后，就可对其进行登记做好记录，要记清楚其父母编号、出生日期、编号、初生重、断奶体重等，最好绘制登记表格。

（三）断尾

尾部长的羊为避免粪便污染羊毛及便于母羊配种，必须断尾。断尾应在羔羊出生后 10 天内进行，此时尾巴较细不易出血，断尾可选在无风的晴天实施。常用方法为结扎法，即用弹性较好的橡皮筋套在尾巴的第三、四尾椎之间，紧紧勒住，断绝血液流通。大约过 10 天左右尾即自行脱落。

（四）去势

对不做种用的公羊都应去势，以防止乱交乱配。去势后的公羊性情温顺，管理方便，节省饲料，容易育肥。所产羊肉无膻味且较细嫩。去势一般与断尾同时进行，时间一般为 10 天左右，去势常用方法也为结扎法，即将睾丸挤在阴囊里，用橡皮筋或细线紧紧地结扎于阴囊的上部，断绝血液流通。经过 15 天左右，阴囊和睾丸干枯，便会自然脱落。去势后最初几天，对伤口要常检查，如遇红肿发炎现象，要及时处理。同时要注意去势羔羊的环境卫生，垫草要勤换，保持清洁干燥，防止伤口感染。

（五）修蹄

对于舍饲羊由于运动量小，蹄角质的磨损速度小于生长速度，常因过度生长而使蹄变形。修蹄时用削蹄刀或果枝剪削去生长过度的足角质，注意要使蹄前壁和蹄底保持适合的角度（前蹄 45°，后蹄 50°），不要过度切削蹄底，以免出血，一旦出血，可用烧烙法止血，修好的蹄底部平整，形状方圆，站立端正，一般每季度应修蹄1 次。

（六）捕羊

在进行个体品质鉴定、称重、配种、防疫、检疫和买卖羊时，都要进行抓羊和保定羊。抓羊应尽量缩小其活动范围，动作一要快、二要准，出其不备，迅速抓住山羊的后腿飞节上部，其他部分不能随意乱抓。保定羊通常是用两腿把羊夹在中间，抵住羊的肩部，使其不能前进，也不能后退，以便对羊只进行各种处理。

（七）剪毛

给羊剪毛的适宜时间，在北方地区为五六月份，气温暖和地区可提前到 4 月中旬左右。剪毛次数应根据羊的品种而定。细毛羊一年剪 1 次毛，粗毛羊一年可在春、秋各剪 1 次毛。育肥羊在整个育肥期可以根据天气情况剪毛 2～3 次。

（八）驱虫

每年根据当地寄生虫的流行情况，一般在春秋选用广谱驱虫药驱虫 1 次，我国常用的药物是伊维菌素和丙硫苯咪唑，驱虫后到指定地点排粪，7 天后更换羊舍，或驱虫后 10 天的粪便马上收集进行发酵处理，杀死虫卵和幼虫。在寄生虫害严重地区，可以在 6～7 月份可增加一次驱虫。

（九）卫生防疫

疾病是养羊业最大的障碍，为了防止疾病的发生和流行，要采取以防为主、防重于治的措施。健全防检疫制度，对各类羊进行正确的饲养管理，提高抵抗力，增强体质。对当地流行的传染病要进行免疫注射，羊场的出入口要有消毒设施。发现传染病应立即封锁，捕杀，并向主管部门报告。

（十）养殖档案管理

羊场养殖档案应载明羊的品种、数量、繁殖记录、来源和进出场日期；饲料、饲料添加剂、兽药等投入品的来源、名称、使用对象、时间、用量和停药情况；检疫、免疫、消毒情况；畜禽发病、死亡和无害化处理情况等。除特别规定外，所有原始记录应保存 2 年以上。

第五节　不同生理阶段羊饲养要点

一、种公羊的饲养管理

种公羊的基本要求是适度膘情，精力充沛，性欲旺盛，精液品质好，射精量大。种公羊全年应保持均衡的营养，种公羊的饲养管理可分为配种期和非配种期。

（一）非配种期种公羊的饲养

非配种期由于没有配种目的，此阶段种公羊饲养主要以恢复和保持其良好的种用体况为目的。配种结束后，种公羊的体况都有不同程度的下降，因此日常的饲养管理工作仍不能忽视，应供应充足的能量、蛋白质、维生素和矿物质等营养物质。一般来说，没有配种任务时，体重 80～90 千克的种公羊，每日每只喂给混合精料 0.5～0.6 千克、优质干草 2～2.5 千克、多汁饲料 1～1.5 千克。在天气好的时候应适当放牧及运动。

（二）配种期种公羊的饲养

配种期间，种公羊每产生1毫升精液需要可消化粗蛋白质50～80克。因此，种公羊在配种季节，饲粮组成中应保证充足的蛋白质，同时补充与精液品质相关的维生素A和维生素E。只有保证种公羊充足的营养供应，才能使其性欲旺盛，精子密度大、活力强，母羊受胎率高。

在配种期内，应根据种公羊的体况和精液品质来调节饲粮或增加运动。对精液稀薄的种公羊，饲粮中可添加动物蛋白质和胡萝卜；当精子活力差时，应加强种公羊的放牧和运动。体重80～90千克的种公羊，每天应喂给混合精料1.2～1.5千克、青干草1～2千克、青贮料1.5千克，并注意矿物质和维生素的补充。随着配种任务的增加还要另加胡萝卜、鸡蛋2～3个、牛奶0.5～1千克。

（三）种公羊的管理要点

种公羊配种前1～1.5个月开始采精，同时检查精液品质。开始时一周采精1次，以后增加到一周2次，然后2天1次，到配种时每天可采1～2次。种公羊的采精次数要根据羊的年龄、体况和种用价值来确定。对1.5岁左右的种公羊每天采精1～2次为宜；成年公羊每天可采精3～4次，有时可达5～6次，每次采精应有1～2小时的间隔时间。采精较频繁时，也应保证种公羊每周有1～2天的休息时间，以免因过度消耗养分和体力而造成体况明显下降。种公羊每天至少要运动1次，行走2千米以上。

二、母羊的饲养管理

母羊担负着妊娠、泌乳等各项繁殖任务，应长年保持良好的饲养管理条件，以求实现多胎产、多活、多壮的目的，母羊的饲养管理可以分为空怀期、妊娠期和哺乳期三个阶段。

（一）空怀期的饲养管理

空怀期是指从羔羊断乳到配种受胎的时期。此期要注意母羊的抓膘复壮，为接下来的配种期作准备。在配种前 1～1.5 个月实行短期优饲（即加量补充精料、维生素、矿物质等），提高母羊配种时的体况，达到发情整齐、受胎率高、产羔整齐、产羔数多的目的。短期优饲的方法主要有两种，一是延长放牧时间，多放优良牧地和茬子地，少走路多吃草，促进母羊增膘；二是除放牧外，适当补饲精料，增加母羊的营养水平，以达到满膘配种。舍饲条件下可以通过调整饲养水平以达到满膘配种的目的。

（二）妊娠期的饲养管理

母羊的妊娠期平均为 150 天，分为妊娠前期（前 90 天）和妊娠后期（后 60 天）。

妊娠前期胎儿绝对生长速度较慢，需要的营养物质少，一般放牧或给予足够的青草、少量补饲精料（每只每天 50～100 克精料）即可满足需要。此阶段应该避免饲喂大量的能量饲料，过多的能量饲料容易导致胎儿过大，造成母羊后期难产。同时避免吃霉烂饲料，不要让羊猛跑，不饮冰茬水，以防早期隐性流产。

妊娠后期胎儿的增重明显加快，90％的初生重在此期完成。母羊自身也需贮备大量的养分，为产后泌乳做准备。妊娠后期母羊腹腔容积有限，对饲料干物质的采食量相对减少，饲料体积过大或水分含量过高均不能满足母羊的营养需要。因此，要搞好妊娠后期母羊的饲养，除提高饲粮的营养水平外，还必须考虑组成饲粮的饲料种类，饲粮的精料比例提高到 30％～40％。

妊娠后期母羊的管理要细心、周到，在进出圈舍及放牧时，要控制羊群，避免拥挤或急驱猛赶；补饲、饮水时要防止拥挤和滑倒，否则易造成流产。增加母羊室外活动的时间。产前 1 周左右，夜间应将母羊放于待产圈中饲养和护理。

（三）哺乳期的饲养管理

母羊哺乳期在 45～60 天。过去，养羊业中羔羊断奶多在 3 月龄，实际上母羊在产后的第 3 周泌乳量就达到了高峰，然后逐渐下降，羔羊生长到 3 月龄时，母羊泌乳量难以满足其正常发育的需要，仅能达到营养需要的 5%～10%，所以把断奶时间提前到 2 月龄，只要做好补饲工作，既可使羔羊正常生长发育，又能缩短母羊产羔间隔。母乳是羔羊获取营养的主要来源，测定表明，羔羊每增重 1 千克需耗母乳 5～6 千克，为满足羔羊生长发育对养分的需要，保持母羊的高泌乳是关键，在加强母羊正常饲养的前提下，应根据带羔的多少和泌乳量的高低，搞好母羊补饲。带单羔的母羊，每天补饲混合精料 0.3～0.5 千克，带双羔或多羔的母羊，每天应补饲 0.75～1.0 千克。

对体况较好的母羊，产后 1～3 天内可不补饲精料，以免造成消化不良或发生乳腺炎。为调节母羊的消化机能，促进恶露排出，可喂少量轻泻性饲料（如在温水中加入少量麦麸喂羊）。3 天后逐渐增加精饲料的用量，同时给母羊饲喂一些优质青干草和青绿多汁饲料，促进母羊的泌乳机能。断奶的前 5 天要逐渐减少精料的补给量，以预防乳腺炎的发生，同时由于泌乳减少有利于羔羊适应饲草饲料。

三、羔羊的饲养管理

从初生到断奶的小羊称为羔羊。羔羊的生长发育速度较快，但对外界环境适应能力较差，饲养不当容易生病，良好的饲养管理可以提高羔羊的成活率和生长速度。

（一）尽早吃饱初乳

初乳是指母羊产后 3～5 天内分泌的乳汁，其乳质黏稠、营养丰富，易被羔羊消化，是任何食物不可代替的食料。同时，由于初乳中富含镁盐，镁离子具有轻泻作用，能促进胎粪排出，防止便秘；初乳中还含有较多的免疫球蛋白和白蛋白，以及其它抗体和溶菌酶，对抵抗疾病，增强体质具有重要作用。羔羊在出生后半小时内应该保证吃到初乳，对吃不到初乳的羔羊，最好能让其吃到其他母羊的初乳，否则很难成活。对不会吃乳的羔羊要进行人工辅助。

（二）及早补料

羔羊一般在出生后 10 天开始训练采食营养全面的羔羊颗粒料，可先由人工诱导或将料渣抹到羔羊嘴角，由羔羊逐步学会自主采食，每天少添勤添，精料主要以焙炒后粉碎的玉米和大豆为主，待全部羔羊都会吃料后，再改为定时、定量补料，每只羔羊补喂精料 15～25 克/天。14 天后，羔羊可补给一定量的优质干青草。主要以秋天储备的毛苕子、豌豆秧、苜蓿为首选饲料。确保 30 日龄能够正常采食草料，60 日龄后完全依靠草料生存。

（三）适时断奶

羔羊适时断奶可以使羔羊较早摄入外源性饲料，促进瘤胃发育，有利于羔羊后期的生长。目前羔羊早期断奶已逐渐被肉羊养殖者所接受，羔羊早期断奶可在羔羊出生后 6～7 周，或体重达到 11～12 千克时进行。断奶方法常采用一次性断奶法，断奶后母羊移走，羔羊继续留在原舍饲养，尽量给羔羊保持原来的环境。

四、育成羊的饲养管理

育成羊是指羔羊断奶后到第一次配种的青年羊。育成羊的生长很快，营养物质需要较多，如果此时营养不良，就会显著地影响生长发育，出现体质弱，体躯窄而浅、头大颈长四肢高的体型，推迟性成熟和体成熟，失去种用价值。在青草期要充分利用青绿饲料营养丰富的特点，能放牧的合理组织放牧。在枯草期，必须加强补饲。除给青干草和青贮料外，还应适当补给精料，并注意矿物质和维生素 A、维生素 D 的补充。在管理上育成羊应按性别单独组群管理。

五、育肥羔羊的饲养管理

断奶羔羊除少量留作种用外，大部分用于育肥，羔羊育肥方式灵活多样，但以舍饲育肥为主。

（一）育肥阶段饲养管理

羔羊舍饲育肥主要分为过渡期、育肥前期和育肥结束期三个阶段，整个育肥期一般在 90 天左右。过渡期指羔羊进育肥栏至 15天，该期间主要是观察羔羊是否习惯育肥管理、有没有出现疾病、是否能够正常采食等情况，并能够根据羔羊的饲料食用情况适当调整饲料的配方、投喂量。过渡期第 1 天至第 7 天以粗饲料为主，第 7 天至第 15 天缓慢增加精料，力求饲料原料多样化，增强食欲。

育肥前期指育肥第 16 天至第 40 天，该阶段是肉羊骨骼发育的主要阶段，要加大饲料的投喂量，保证能量、蛋白质和矿物质的供给，该阶段精粗比应达到（3∶7）～（4∶6）。育肥结束期指育肥第 40 天至出栏，此阶段为快速育肥阶段，应继续加大精料饲喂量和能量浓度，保证足够的干物质采食量，精粗比应达到（7∶3）～（8∶2）。整个育肥阶段，随着精料添加量的增加，饲粮中应添加小苏打等缓释剂，防止瘤胃酸中毒，同时应保持钙磷比例在 2∶1，防止尿结石的发生。育肥过程中玉米等谷粒在刚开始补饲时可以稍加破碎，习惯后则以整粒喂为宜，不要加工成粉状。

（二）育肥阶段日常管理

1. 剪毛

剪毛可以防止疥癣的发生，同时还可以增加育肥效果。整个育肥期可以根据天气情况剪毛 2～3 次，初次剪毛应在育肥的第 15 天左右进行。剪毛时可结合驱虫、部分免疫同步进行，减少应激和工作量。

2. 免疫

羔羊的免疫程序应根据各羊场的具体情况制定，一般羊场应对口蹄疫、小反刍兽疫和羊痘等做好免疫。需要注意的是两种或两种以上疫苗同时接种，会导致疫苗间的相互干扰，造成羊机体免疫压力过大，降低疫苗的免疫效果。不同种类的疫苗免疫间隔应在 7 日以上，为减少应激，活疫苗和灭活疫苗可以同日接种，但要在不同的接种部位分开注射。

3. 驱虫

寄生虫会影响羔羊增重，整个育肥期间通常进行 2～3 次驱虫。羔羊进入育肥栏 1 周后和 2 个月时进行驱虫，驱虫可采用口服或注射驱虫药的方式进行。

4. 适时出栏

羔羊长到一定体重后生长速度变缓，再继续育肥不但会增加成本，还会影响羊肉品质。因此，一般情况下杂交羔羊育肥体重达到 40～45 千克就可以出栏。

第四章
肉羊繁育

第一节　肉羊的选种选配技术

　　选种就是把那些符合人们期望要求的个体，按不同标准从现有羊群中选出来，让它们组成新的繁殖群再繁殖下一代，或者从别的羊群中选择那些符合要求的个体加入到现有的繁殖群中来。经过这样反复的多个世代的选择工作，不断地选优去劣，最终把羊群变成一个全新的群体或品种，提高整体生产水平。选种时，要选择体型匀称、四肢健壮、皮毛光滑、眼睛有神、活动有力、生殖器官正常、繁殖力强的羊只。

　　所谓选配，就是在选种的基础上，根据母羊的特点，为其选择适当的公羊与之配种，以期获得理想的后代。因此，选配是选种工作的继续。在规模化的绵羊、山羊育种工作中，选种和选配是两个相互联系不可分割的重要环节，是改良和提高羊群品质最基础的方法。选配的作用在于巩固选种效果，通过正确的选配，使分散在亲代个体上的不同优良性状结合稳定地传给下一代。

选配与选种相互联系，彼此促进，互为基础。选种是为了选配，选配又可验证选种效果；选配可以巩固选种，选种加强了选配。

一、肉羊多羔主效基因的研究进展

产羔数是直接影响养羊业经济效益的重要因素，但产羔数是属于低遗传力的数量性状，遗传力只有 0.1 左右，用常规的育种技术来改良难度较大。为了提高产羔数量，增加养殖场的经济收入，人们开始寻找能让母羊产多羔的方法。从 20 世纪中叶开始人们就发现了多羔基因，其中最著名的就是 $FecB$ 基因，它首先是在澳大利亚美利奴绵羊中发现的。$FecB$ 基因是由 $BMPR-IB$ 基因的一个突变所致。在随后的研究中又发现了 2 个多羔主效基因，分别是骨形态发生蛋白 15 基因和生长分化因子 9 基因，这 2 个基因中某些特定 DNA 区段发生突变，都会显著增加绵羊的排卵数，从而提高母羊产羔数。

（一）多羔基因

1. BMPR-IB 基因

$BMPR-IB$ 基因编码一个转移生长因子 β 亚基（TGFβ）受体家族成员，存在于许多细胞类型中，是调节生长和分化的多功能蛋白。$BMPR-IB$ 具有同丝氨酸/苏氨酸蛋白激酶受体结构类似的信号传递机制，其主要功能是参与哺乳动物卵巢卵泡发育、动物的胚胎发育、骨组织形成、癌细胞的生长及大脑组织恢复等。

布鲁拉美利奴羊、小尾寒羊、湖羊等能够产多羔，是因为它们的体内存在多胎基因——$FecB$，$FecB$ 基因是 $BMPR-IB$ 基因编码区 746 位点的点突变，该突变对排卵数具有加性效应，对产羔数则为部分显性。$FecB$ 基因杂合突变（B^+ 型）可使产羔数增加 0.9～

1.2 只，纯合突变 BB 型可使产羔数增加 1.1～1.7 只。

2. BMP15 基因

BMP15 基因是 BMP 家族中的一员，仅在卵母细胞中表达，其编码产物在卵母细胞发育过程中起重要作用。BMP15 是一种在卵巢表达的卵母细胞衍生因子，在正常情况下主要与卵巢自身产生的 GDF9 协调作用于卵泡，以自分泌或旁分泌形式影响优势卵泡的发育及卵母细胞的生长。

在多胎品种 Romney 羊的 Inverdale 家系中其 X 染色体上存在一个与产羔数有关的位点 Fecx^I。目前发现的绵羊 *BMP15* 基因突变（$FecX^I$、$FecX^H$、$FecX^G$、$Fecx^B$ 和 $FecX^L$）和序列缺失 *FecX* 中任意一个突变杂合子母羊都具有较高的排卵数，而突变纯合子母羊则由于卵泡发育受阻而不育。

3. GDF9 基因

GDF9 基因，即生长转化因子-9 基因，属于生长分化因子-β 超家族，它与其他成员有着很大的区别。它仅在卵巢或卵母细胞中表达，对卵泡生长发育和生殖功能等有着重要影响。

GDF9 基因首先在小鼠卵巢中发现，它由卵泡特异性分泌，作为 BMP15 的旁分泌因子调节颗粒细胞的增殖和分化，使卵丘细胞通过控制关键酶进行扩展，*GDF9* 基因能升高或降低促卵泡素（FSH）、促黄体素（LH）基因受体的表达水平，还能调控早期卵泡的增殖分化及生殖激素合成，促进生殖细胞生长、成熟，刺激黄体形成，从而影响山羊的产羔数。

4. GDF9 基因与 BMP15 基因的相互作用

GDF9 与 *BMP15* 不仅具有较高的同源性、相似的结构及在卵巢中类似的表达模式，而且在功能上也密切相关，通常表现出协同效应。羊 *GDF9* 和 *BMP15* 单独使用时对颗粒细胞不发挥作用，一起处理颗粒细胞时极大地促进了对胸苷的摄入。尽管 *GDF9* 和

BMP15 自身都不能调节 FSH 诱导的孕酮生成，但当 *BMP15* 和 *GDF9* 共同处理时，FSH 诱导的颗粒细胞合成孕酮的作用被明显抑制；同样，当 *BMP15* 和 *GDF9* 共同处理时，来自颗粒细胞的免疫反应性 α-抑制素水平增加 15 倍，而单独处理时则不表现出促进效应。

（二）其它基因

1. 雌激素受体基因（ESR）

ESR 与雌激素结合后，对胚胎、乳腺和繁殖周期中卵泡的生长发育都发挥着重要作用。国内有研究表明：小尾寒羊 *ESR* 基因外显子 1 突变型（AB 和 BB）比野生型（AA）分别多产羔 0.51 只和 0.70 只，推测 *ESR* 基因是控制小尾寒羊多羔性状的主效基因。

2. 孕激素受体基因（PGR）

孕激素受体是类固醇激素受体家族成员，通过与 DNA 特定序列结合调节雌性动物生殖生理过程。国内学者研究表明：小尾寒羊 *PGR* 基因 GG 型和 AG 型产羔数均值分别比 AA 型多 0.97 只和 0.64 只，推测 *PGR* 可能与小尾寒羊产多羔有关。

（三）影响绵羊产羔数基因的检测及应用

1. 主效基因检测方法

（1）PCR-RFLP 法和 PCR-SSCP 法　PCR-RFLP（限制性片段长度多态性聚合酶链反应）和 PCR-SSCP（聚合酶链反应-单链构象多态性）都需经过 PCR 扩增和电泳检测基因型两个步骤，大部分需要人工完成，无法实现批量化操作。这两种方法使用的都是常规仪器，普通实验室都能够开展检测，但试验操作较繁琐，检测周期长。根据检测经验，测定 100 个羊血样，PCR-RFLP 耗时大约是

3 天、PCR-SSCP 约 2 天。主要仪器有金属浴、离心机、PCR 仪、电泳仪、凝胶成像系统等，检测成本十几元到几十元不等。

（2） **Taqman 探针法和 SNaPshot 法**　Taqman 探针法检测时需要用到荧光定量 PCR 仪，而 SNaPshot 技术不需要用到荧光探针，成本相对较低。这两种方法都可实现自动化检测，不仅节省了检测成本，而且大大缩短了检测周期，提高了检测效率。根据检测经验，测定 100 个羊血样，Taqman 探针法和 SNaPshot 技术在 24 小时内可以完成检测。但由于需使用荧光定量 PCR 仪以及信号读取仪，一般需要到专业实验室进行。主要仪器有高速冷冻离心机、电泳仪、数码凝胶成像系统、超低温冰箱、荧光定量 PCR 仪、3730XL 基因测序仪等，检测成本几十元到上百元不等。

2. 主效基因的应用

多羔主效基因主要用于培育高繁殖力核心群和肉用多胎绵羊的育种（如在肉羊新品种鲁西黑头羊、黄淮肉羊等的培育进程中，均采用了 FecB 分子标记辅助选择的方法）。

目前多羔主效基因的运用主要在两方面：一方面对多羔母羊进行 $FecB$ 基因检测，将高繁殖力 $FecB$ 基因纯合 BB 型母羊和 BB 型公羊集中在一起，这样扩繁产生的后代全部是 BB 型羔羊，以此建立超高繁殖力核心群，为培育超高繁殖力绵羊新品种奠定基础；另一方面对以国外肉用绵羊品种（杜泊、德国肉用美利奴、多赛特、萨福克、特克塞尔等）为父本、以多羔母羊为母本杂交产生的杂种母羊和杂种公羊进行 $FecB$ 基因检测，利用含有高繁殖力 $FecB$ 基因的杂种母羊和杂种公羊建立肉用多羔绵羊核心群，为培育我国自己的肉用绵羊新品种奠定基础。但是也不能为了单纯追求经济效益而忽视了对本地优良品种资源的保护，否则很有可能引起无序杂交，更有可能破坏地方优良遗传资源，对养羊业造成不可挽回的损失。

二、提高肉羊繁殖率的选种选配方法

（一）肉羊选种原则

实践表明，在低繁殖力的地方品种中，导入多胎品种是提高其繁殖率最便捷有效的途径之一。例如，国外利用世界著名多胎品种兰德瑞斯羊与不同品种杂交，结果表明利用兰德瑞斯公羊可显著提高杂交一代母羊的产羔数，平均较母本品种提高 0.53 只（0.11～1.33 只），同时杂种母羊具有性成熟早、繁殖季节延长、发情期延长、羔羊成活率增加等特点。我国新疆紫泥泉种羊场 1981 年把湖羊血液导入新疆细毛羊，结果使导入湖羊血液的新疆细毛羊新品种种群的产羔率较同等条件下的其他新疆细毛羊提高 60%～70%，而把湖羊血液导入新疆卡拉库尔羊后使其产羔率提高了 59%。近些年来，我国许多地区把小尾寒羊导入当地绵羊品种，在提高当地羊繁殖力方面也取得良好结果。例如，山东利用小尾寒羊培育出繁殖率达 259% 的洼地绵羊；在 20 世纪 50 年代末，陕西省把小尾寒羊导入当地同羊，在农户饲养条件下，其后代经 30 多年的自交，形成了总数量达 2 万只以上的多胎类群，它们在外形特征、生产性能等方面表现较一致，遗传分化程度较低；产羔率平均达 200%～240%；四季发情，生长发育快，受到当地农民喜爱，在当地养羊生产中发挥着重要作用。

FecB 基因能够促进排卵数，增加产羔数。合理利用小尾寒羊、湖羊等进行杂交以获得更多的羊羔数和羊肉产量。经济杂交一般采用三元杂交或双杂交模式，首先利用小尾寒羊、湖羊等含有 *FecB* 基因的羊，与其他品种杂交获得含有 *FecB* 基因的杂交母羊（产羔率高、性成熟早、泌乳力强），再用生长速度快的终端作父本进行杂交。将 *FecB* 基因通过分子标记选择技术导入新培育品种（系）中，可增加排卵数和产羔数、提高育种群母羊的产羔数。因此，在

选种时可选择含有 $FecB$ 基因的羊进行杂交，使其获得更多的羊羔，提高羊场的经济效益。

（二）肉羊选配原则

选配应遵循以下原则：

① 公羊优于母羊。为母羊选配公羊时，在综合品质和等级方面必须优于母羊。

② 以公羊优点补母羊缺点。为具有某些方面缺点和不足的母羊选配公羊时，必须选择在这方面有突出优点的公羊与之配种，决不可用具有相同缺点的公羊与之配种。

③ 不宜滥用。采用亲缘选配时应当特别谨慎，切忌滥用。

④ 及时总结选配效果。如果效果良好，可按原方案再次进行选配。否则，应修正原选配方案，另换公羊进行选配。

（三）肉羊选配方法

羊的选配方法主要有自由交配、人工辅助交配和人工授精。

1. 自由交配

是最简单最原始的交配方式。在配种期内，公、母羊按照 1 : （20～30），将选好的公羊放入母羊群中任其自由寻找发情母羊进行交配。这种配种方法省工省事，不需要任何设备，适合于小群分散的商品羊生产，不适用于种羊的生产。若公、母羊比例适当，可获得较高的受胎率。但因为无法记录确切的配种时间，因而无法控制产羔时间，而且产羔期长、羔羊年龄大小不一致，不便管理。母羊发情时，公羊追逐爬跨，一方面影响母羊采食和抓膘，另一方面，公羊无限交配，不安心采食，耗费精力，影响健康，缩短了利用年限。无法准确掌握配种情况，后代血缘关系不明，容易造成近亲交配或早配，难以实施有计划地选配，从而影响后代的群体品质和生产性能。这是我国最普遍的配种方法，也是最落后的方法，在一些大的养殖场不宜使用。

2. 人工辅助交配

为了克服自由交配的缺点，但又不能进行人工授精时，可采用人工辅助交配。即公、母羊分群放牧，到配种季节每天对母羊进行试情，然后把挑选出的发情母羊有计划地与指定的公羊交配。这种交配方式，能准确登记公、母羊的耳号及配种日期，从而能够预测分娩日期，能够有计划地进行选配，提高后代质量，而且能提高种公羊的利用率，增加利用年限。人工辅助交配时，在良好饲养条件下，间隔必需的时间，每头公羊每天可交配3～5次，一般饲养条件下则可交配2～3次。交配次数过多，会影响精液品质，易造成母羊空怀。

3. 人工授精

相比于自由交配和人工辅助交配，人工授精可以大大提高种公羊的利用效率，节约饲养大量公羊的费用，提高受胎率，防止疾病的传播，并且使授精不受时间和地域的影响，加快育种速度和羊群的遗传进展。但是人工授精在配种时需要一定的设备条件，如显微镜、天平、烧杯、输精器、输精房等，同时还需要专业人士对羊只进行输精。除了技术投入外，人工授精还需要投资设备、羊舍等，这种配种方法适合羊只数量较多的中、大型养殖场。

第二节　肉羊繁育技术

一、肉羊的繁殖特点

（一）公羊的繁殖规律与特点

1. 初情期

公羊的初情期是指公羊初次出现性行为，并且能够射出精子的时期，是性成熟的开始阶段。多数品种出现在 4～8 月龄，湖羊公羊的初情期为 5～6 月龄。

2. 性成熟期

公羊性成熟期是生殖器官和生殖机能发育趋于完善、达到能够产生具有受精能力的精子，并有完全性行为的时期。一般肉用公羊在 6～10 月龄达到性成熟，公羊性成熟的年龄要比母羊稍大一些。但肉羊的性成熟会因品种、饲养水平和气候条件等不同而有所差异，早熟品种 4～6 月龄性成熟，晚熟品种 8～10 月龄性成熟，一般湖羊公羊的性成熟为 7～8 月龄。

3. 初配年龄

公羊的初配年龄是指羊身体发育基本完成、能够进行正常的配种繁殖的年龄。从性成熟到体成熟必须经过一定的时期。虽然性成熟的羊已经具备了繁殖后代的能力，但此时羊的生长发育尚未充分，若过早配种繁殖，不利于羊的生长发育，对以后的繁殖也会有不良影响。肉羊的初配年龄应根据不同品种、生长发育状况而定，同时要求初配时的体重为成年羊的70%以上，如果体重过小，即使达到初配年龄也不宜配种。一般公羊的初配年龄为 12～18 月龄，而属于早熟品种的湖羊、小尾寒羊在 10 月龄就可以配种。

（二）母羊的繁殖规律与特点

1. 初情期

母羊的初情期是指母羊生殖系统机能已基本具备、第一次出现发情和排卵的时期，是性成熟的初始阶段，是具有繁殖能力的开始。母羊的初情期受品种、气候、营养因素的影响。一般个体小的品种早于个体大的品种，山羊（4～6 月龄）早于绵羊（6～8 月龄）；南方母羊较北方的早，热带较寒带或温带的早；早春产的母羔即可在当年秋季发情，而夏秋产的母羔一般需到第二年秋季才发情；营养良好的母羊体重增长很快，生殖器官生长发育正常，生殖激素的合成与释放不会受阻，因此其初情期表现较早，营养不足则使初情期延迟，湖羊母羊的初情期一般为 4～5 月龄。

2. 性成熟期

母羊性成熟期是指随着年龄和体重的增加，其生殖器官基本发育完全，具备完整生殖周期（妊娠、分娩、哺乳）的时期。母羊性成熟的年龄一般为 6～8 月龄。农区可常年进行繁殖的羊品种比高寒地区每年只繁殖一次的羊品种性成熟年龄要早。小尾寒羊、湖羊母羊的性成熟年龄分别为 5～6 月龄、6～7 月龄。

3. 初配年龄

只要母羊膘情好，当体重达到其成年体重的 70% 时，可进行第一次配种。配种过早对母羊本身及胎儿的生长发育都有影响，配种过迟，不仅影响其遗传进展，而且造成经济损失。因此，必须适时配种。配种时间早熟品种一般为 8～10 月龄，晚熟品种为 12～15 月龄。在农区饲养的早熟品种，母羊在 8～10 月龄即可配种，小尾寒羊、湖羊母羊分别在 6～7 月龄、7～8 月龄即可配种。

二、母羊的发情规律及鉴定方法

（一）发情

发情是母羊在性成熟时的一种周期性的性表现。母羊发情时，精神状态会发生比较大的变化，表现为兴奋不安、鸣叫、摇尾、频频排尿、食欲减退、主动接近公羊和接受爬跨。外阴部充血肿胀、柔软而松弛。阴道黏膜充血发红，并有少量透明黏液分泌，中期黏液增多，后期逐渐变得浑浊黏稠，子宫颈口松弛开放并充血等。

（二）发情周期

发情周期就是从上次发情开始到下次发情开始这段时间，其长短因品种、个体、年龄、饲养管理不同而不同。发情期内，没有配种或配种没有成功的，生殖器官和机体会发生一系列周期性变化，使它们到一定时间内会再次发情。绵羊的发情周期一般情况下是14～21天，平均17天，山羊的周期时间较长一些，平均为21天。

（三）发情持续期

发情持续期，也就是母羊发情的持续时间，绵羊发情持续期一般为30小时，山羊则是24～48小时。发情持续期因为品种、年龄、配种季节、环境的原因也有比较大的影响，比如小尾寒羊的发情持续期是25～35小时，马头山羊则可以达到48～72小时。繁殖季节，初期发情持续时间短，中期长，后期则再一次缩短。

（四）发情鉴定

母羊发情的鉴定方法主要有外部观察法、阴道检查法和试情法。

1. 外部观察法

肉用绵羊的发情期短，外部表现不太明显，发情母羊主要表现喜欢接近公羊，并强烈地摇动尾部，当被公羊爬跨时站立不动，外阴部分布少量黏液。根据这个方法可以大致挑选出发情的母羊。

2. 阴道检查法

阴道检查法是用开膣器来观察母羊阴道黏膜、分泌物和子宫颈口的变化来判断是否发情。发情母羊阴道黏膜充血、红色、表面光亮湿润，有透明黏液流出，子宫颈口充血、松弛、开张、有黏液流出。这种方法不适用于大群体发情鉴定，可以在人工输精时结合公羊试情法同时进行。

3. 试情法

试情法是生产中最常用的方法。用来配种的公羊叫试情公羊，要求其性欲旺盛、健康无疾病、年龄2～5周岁。为防止偷配，可选用试情布兜住阴茎或采用阴茎移位，使其只能爬跨，不能交配。每日1次或早晚2次将试情公羊放入母羊群中，试情公羊与母羊的比例以1：（20～40）为宜。这时公羊开始嗅闻母羊，如果发现公羊爬跨母羊而母羊站立不动接受爬跨，则该母羊为发情母羊，如母羊躲避爬跨，则为不发情或发情不好的母羊。用这种方法可以将90%以上的发情母羊鉴定出来。

（五）繁殖季节性

一般来说，母羊为季节性多次发情动物。在我国牧区、山区的羊多为季节性多次发情类型，而某些农区的羊品种，经长期舍饲驯养，如湖羊、小尾寒羊等可常年发情，或存在春秋两个繁殖季节。

羊的繁殖具有季节性，而在不同的季节，光照时间、温度、饲料供应等有所不同，因此，羊的繁殖与光照、温度、饲料供应等密切相关。

1. 光照

光照的长短变化对于羊的性活动影响明显。在赤道附近的地区，由于全年的昼夜时间比较恒定，所以该地区培育的品种，其性活动不易随白昼长短的变化而有所反应，即光照时间的长短对其性活动的影响不大。但在高海拔和高纬度地区，光照时间的长短常因季节不同而发生周期性变化，对羊的性活动影响较大。

2. 温度

温度对羊的繁殖期也有影响。在一项研究中，将试验母羊从5月底到10月份这段时间关在凉爽的羊舍内，对照组在一般环境下饲养，结果发现试验组羊的繁殖期约提前8周。相反在繁殖期前1个月，将母羊长时间保持在32℃下，大多数母羊都推迟了繁殖期。

由此可见，气温较低时可使母羊的繁殖期提前，而高温则会使之推后。在实际生产中，有些羊场为避免高温对繁殖的影响，在夏季高温季节不开展羊群配种生产。

3. 饲料

营养水平高，则母羊的繁殖期可适当提前，相反则会推迟。加强营养，不但将繁殖期提前，而且可以增加双羔率，如果长期营养不良，则繁殖期就会推迟。由此可见，饲料供应情况、营养水平高低，对母羊的繁殖影响很大。

（六）异常发情

1. 安静发情

也就是安静排卵，主要表现为母羊无发情表现或发情不明显，但内部卵泡却发育成熟并且排卵。一般情况下，在发情季节刚开始时，绵羊的安静发情率会增高，而羔羊第一次发情时也会出现安静发情的现象。甚至在极少情况下，带羔羊的母羊和那些身体比较弱的母羊也会出现安静发情的现象。

安静发情可能是母羊发情对脑下垂体前叶分泌的促卵泡激素和卵泡壁分泌的雌激素量过少所致。对于容易发生安静发情的母羊要保证供给充足的营养物质，特别是蛋白质、能量及维生素的需要；还要根据产羔时间，推算和掌握可能出现的发情时间，并注意观察母羊的表现，用公羊进行反复试情，也可以事先为母羊注射激素类药物促使其正常发情，要防止漏配，保证及时配种受胎。

2. 短促发情

即母羊的发情期非常短，其原因是母羊的卵泡很快发育成熟而排卵缩短了发情期。此时，应加强试情工作，及时配种。另一个原因是卵泡发育停止或受阻，一旦发现要及时治疗，使母羊达到正常状态，进行发情排卵。

3. 持续发情

持续发情就是母羊发情时间延长，超过正常的发情时间。造成母羊持续发情的原因有：

（1）卵巢囊肿（主要是卵泡囊肿） 卵巢内有卵泡发育，越发育越大且不破裂，在卵泡壁持续分泌雌激素的作用下，母羊的发情时间延长并大大超过正常时限。这类羊发情表现非常强烈，呈现"慕雄狂"现象。相反，另一种属沉郁型，即外观看不出有发情表现，必须通过特殊的检查加以确认。凡属卵巢囊肿的母羊，应尽快采取措施消除囊肿，常用的方法是注射雌激素，使囊肿尽快破裂；或注射孕酮，促使囊肿尽快萎缩。

（2）两侧卵巢上卵泡不同时发育 这种母羊发情时一侧卵巢有卵泡发育，但发育几天后又停止了，而另一侧卵巢接着又有卵泡发育，从而使发情期持续延长。

4. 假发情

假发情有两种情况，一是妊娠期发情，即孕后发情，母羊怀孕2～3个月后又突然表现发情的一种现象；另一种是母羊外观上有明显的发情表现，实际上卵巢根本无卵泡发育的一种假发情。出现妊娠期发情主要是母羊体内分泌的生殖激素失调造成的。在正常情况下，妊娠黄体和胎盘都分泌孕酮，同时胎盘又分泌雌激素。孕酮有保胎作用，雌激素有刺激发情作用，通常两者分泌量保持相对平衡状态，因此母羊在妊娠期不会出现发情现象。但当两种激素相对平衡状态失调，孕激素减少或雌激素量增多，个别母羊便出现妊娠期发情。

5. 应发情而不发情

母羊按实际情况应该按时发情，但一直未出现发情的现象，主要发生在营养不良而消瘦、年龄偏大、患有慢性病的母羊。对于这种情况要及时检查、及时治疗，使生殖器官尽早恢复正常。若生殖器官无异常病变，应注射激素类药物促使其尽早发情，及时配种受胎。

三、人工授精

（一）人工授精

羊的人工授精是人为利用器械采取公羊的精液，经过品质检查和一系列处理，再通过器械将精液输入发情母羊的生殖道内，达到母羊受胎的配种方法。人工授精可以提高种公羊的利用率，既加速了羊群的改良进程，防止疾病传播，又节约了饲养大量种公羊的费用。

（二）主要环节

人工授精技术包括器械的消毒，采精，精液品质检查，精液的稀释、保存和运输，母羊发情鉴定和输精等主要技术环节。

1. 器械的消毒

对与精液接触的器械均应消毒处理，常用的消毒试剂有 2% 碳酸氢钠、1.5% 碳酸钠溶液、75% 酒精、0.9% 氯化钠溶液等。输精器械用 2% 碳酸氢钠或 1.5% 碳酸钠溶液反复冲洗后再用清水和蒸馏水冲洗 2~3 次后自然干燥；毛巾、台布、纱布、盖布等用肥皂水洗涤后，再用清水冲洗几次，最后再用高压蒸汽灭菌。假阴道用棉球擦干，然后用 75% 酒精消毒。集精瓶、输精器先用 70% 酒精消毒，再用 0.9% 氯化钠溶液冲洗 3~5 次。玻璃器械用蒸馏水洗净后，于 120℃ 左右的烘箱中烘干消毒。开腔器、镊子、瓷盘等可用酒精火焰消毒。

2. 采精

（1）采精前的准备

① 种公羊的准备和调教：应选择体质健壮、发育良好、遗传

性能好、性欲旺盛的种公羊。方法是在固定的采精地点，用发情母羊尿液或阴道分泌物涂抹在公羊鼻子上刺激其性欲，让公母羊进行交配。给调教过的公羊采精时，让其它待采精羊在旁边"观摩"以引导爬跨。对调教过的种公羊在配种前要进行排精，目的是把睾丸中积存的衰老、死亡精子排出去。开始时每3~5天排精1次，后期每隔1天排精1次，每次采得的精液都要进行品质检查，当精液品质恢复正常后，才开始进行人工授精。

② 器材和药品的准备：提前备好人工授精所需的假阴道、集精瓶、玻璃棒、镊子、烧杯、磁盘、纱布、温度计、显微镜、载玻片、盖玻片、酒精灯、消毒锅、输精器、开膛器等器材，以及酒精、凡士林、氯化钠、高锰酸钾、来苏儿等药品。

③ 假阴道的准备：采精前安装好假阴道，用75%酒精对内胎进行消毒，酒精挥发后再用生理盐水棉球进行多次擦拭和冲洗，晾干待用。集精杯经消毒后也要用生理盐水擦拭晾干，采精时安装在假阴道的一端。

④ 台羊的准备：用发情良好的母羊作台羊效果最好，有利于刺激种公羊的性反射。台羊最好选择健康、体壮、发情明显、体格大小适合公羊爬跨的母羊。

（2）采精 安装好的假阴道内注入50~55℃的温水（视气温而定），水量150毫升（内腔1/2）左右，然后拧紧活塞。用消毒后的清洁玻璃棒蘸少许灭菌凡士林均匀抹在内胎的前1/3处，保持滑润。用消毒的温度计检查内胎温度，以40~42℃为宜。通过通气门活塞吹入气体，使假阴道保持一定的松紧度，使内胎的内表面保持三角形合拢而不向外鼓出为适度。

采精前要清除包皮周围的污物和长毛，然后将台羊固定好，采精员蹲在母羊右后方，右手横握假阴道后端，靠近台羊臀部，入口朝下，与地面呈30°~45°角，公羊爬跨时，轻快地将阴茎导入假阴道内，保持假阴道与阴茎呈一条直线，当公羊用力向前一冲即为射精。当公羊滑下时，操作人员应顺着公羊动作将假阴道紧贴包皮后移退出，并迅速将集精瓶口向上放出气体，取下集精瓶，用盖盖好，送精液处理室进行检查。成年种公羊每天可采精1～2次，连用3～5天，休息1天。周岁公羊连续采精2天应休息1天，尽量避免连续高频率采精。每次采精0.8～1.2毫升为宜。

3. 精液品质检查

精液检查主要用眼睛检查和显微检查，检查射精量、色泽、气味、状态、活力、密度等。

（1）精液量　精液采集后，倒入有刻度的试管中，测定射精量。公羊正常射精量为0.7～2毫升，平均1毫升，山羊平均为0.8～1.0毫升，绵羊平均为1.0～1.2毫升。每毫升精液中含精子数一般为30亿个（20亿～50亿个）。

（2）色泽和气味　正常的精液呈乳白色，无味或略带腥味。如混入尿液使精液稍带浅黄色；混入新鲜血液时，精液带粉红色；混入陈血或组织细胞时，精液带褐色或暗褐色；混入脓性物时，精液稍带浅绿色；若呈灰黑色，可能是采精过程中落入了泥土或其他污物。带有这些颜色的精液和气味发臭的精液，不能用作人工授精，并且要请兽医检查和治疗这些公羊。

（3）状态　正常精子呈云雾状，精子头、颈、尾正常，畸形精子一般为头部畸形、中段畸形、尾部畸形。如果精液中含有大量的畸形精子，其受精能力往往降低。畸形精子数不超过10%～20%时，公畜基本具有正常生育力；当畸形精子数达到30%～50%以上时，明显影响生育力。生殖器官发生感染或者有脓性炎症时，可以发现大量白细胞和脓细胞。

（4）活力　精子活力的检查常采用目测法。精子运动形式分直线前进、原地摆动、转圈和上下翻滚运动。只有直线前进运动才是正常的运动形式，这些精子所占总精子的百分率，就是精子活力。精子活力常用十级制，一般低于 0.4 级的精子不宜输精。检查活力必须在 35～37℃ 环境中进行，首先用灭菌玻璃棒在盛有精液的容器里轻轻搅动，然后蘸取一滴精液置于载玻片上，并轻轻盖上盖玻片，立即置于 300 倍左右的显微镜下检查。每个样本应观察 3 个以上的视野，注意观察不同液层内精子的运动状态，进行全面评定。

（5）**密度**　精液的密度是决定精液稀释倍数的重要依据，常采用估测法，一般分为密、中、稀三级。"密"是精子之间空隙极小，原精液有 25 亿个/毫升以上精子；"中"是精子之间有一点空隙，原精液一般有 20 亿～25 亿个/毫升精子；"稀"是精子间可容纳 1～2 个精子，一般原精液中只有 20 亿个/毫升以下精子。

正常精液为乳白色，无味或略带腥味，精子活力在 0.8 以上（即 80% 的精子呈直线前进运动），密度在中等以上（每毫升精液的精子数在 20 亿个以上），畸性精子率不超过 20%，即可进行人工输精。

4. 精液稀释

稀释精液的目的在于扩大精液量，增加配种母羊数量；中和副性腺分泌物，缓解其对精子的损害；供给精子所需营养，创造良好的生存环境；提高精子活力，延长精子存活时间，有利于精液的保存和运输。精液采集后应尽快稀释，稀释越早越好。精液与稀释液混合时，二者温度应保持一致，稀释应在 25～30℃ 室温条件下进行。稀释后的精液立即进行镜检，观察其活力。常见的稀释液有以下几种：

（1）**生理盐水稀释液**　用注射用 0.9% 生理盐水或用经过灭菌消毒的 0.9% 氯化钠溶液。此种方法简单易行，但稀释倍数不宜超过 2 倍，稀释后需马上输精。

（2）**葡萄糖卵黄稀释液**　100 毫升蒸馏水中加入无水葡萄糖 3

克、柠檬酸钠 1.4 克，溶解过滤后灭菌冷却至 30℃，加新鲜卵黄 20 毫升，充分混合。稀释倍数 2～3 倍。

（3）牛奶稀释液　新鲜牛奶以脱脂纱布过滤，蒸汽灭菌 15 分钟，冷却至 30℃，吸取中间奶液作稀释液。稀释倍数 2～4 倍。

5. 保存与运输

（1）精液保存　将经过品质检查和稀释的新鲜精液，盛于消毒过的干燥试管中，上面覆盖一层经过消毒的液体石蜡，然后加塞盖严，逐渐降低温度，当温度降到 0～10℃时，即可保存。精液的保存时间一般在 20℃时为 6 小时左右，10℃时为 12 小时以上，4℃时为 24 小时以上。保存效果在 0～4℃时为好。经过保存的精液，使用前必须逐渐升高温度，在 38～40℃时检查，合格的才能输精。精子对温度的变化非常敏感，保存时要防止温度的骤变，以免影响活力。

（2）精液运输　精液输送的关键是防震荡，防温度突变，并要快速。因此，必须重视包装及输送方式。常温及普通低温保存都应用广口保温瓶。如较长距离普通低温运送，除用蜡封口等处理以外，在装瓶时应尽量装满以减少震荡，然后用一厚层棉花包好再用洁净的干纱布扎上，同时挂上标签，注明公羊品种、羊号、采精时间、射精量、精液品质（密度及活力）、稀释液种类、稀释倍数等。最后装入橡皮袋中用线扎紧并留一短线装入保温瓶中。瓶中可装冰块，所留线头夹于瓶盖与瓶口之间，使装精液的管（瓶）正放，并悬于保温瓶中。或者在保温瓶内装固定架，将精液管袋置于固定架上更好。

6. 羊的发情鉴定

母羊发情鉴定，对母羊适时输精至关重要。常用的鉴定方法主要有外部观察法、阴道检查法和试情法。

7. 输精

（1）输精前的准备　器械准备：所有的输精器材都要洗净消

毒，输精器和开膛器最好蒸煮或在高温干燥箱内消毒，开膛器也可浸泡在消毒液内消毒。输精器以每只羊准备 1 支为宜，若连续输精时，每输完 1 只羊后，输精器外壁用生理盐水棉球擦净，再继续使用。输精员应穿工作服，手洗净消毒，再用生理盐水冲洗。

（2）**母羊的保定** 输精室应设输精架，若没有，可采用横杠式输精架。在地面上埋两根木桩，相距 2～3 米宽，在距地面 50～70 厘米高处绑上一根 5～7 厘米粗的圆木，将待输精母羊的两后腿担在横杠上悬空，前肢着地，1 次可同时放 3～5 只羊，便于同时输精。

（3）**输精时间** 母羊输精时间一般在发情后 10～36 小时。一般早晨发现的发情羊，当日早晚各输精 1 次，若第 2 天仍发情就继续输精。

（4）**输精量** 每次输精量为原精液 0.05～0.1 毫升，稀释后的精液为 0.1～0.2 毫升，其中有效精子数在 1000 万个以上。

（5）**输精方法** 母羊外阴部用高锰酸钾溶液擦洗消毒，再用清水擦洗干净，输精时将用生理盐水湿润过的开膛器插入阴道深部，之后轻轻转动 90°，寻找子宫颈口。子宫颈在阴道内呈现一小凸起，发情时充血，较阴道壁膜的颜色深。如找不到，可活动开膛器的位置，或改变母羊后肢的位置。找到子宫颈口后，将输精器慢慢插入子宫颈口内 0.5～1 厘米，将所需的精液注入子宫颈口内。有时处女羊阴道狭窄，开膛器无法充分展开，找不到子宫颈口，这时可采用阴道输精，但精液量至少要提高 1 倍。为提高受胎率，每只羊一个发情期内至少输精两次，每次间隔 8～12 小时。

四、妊娠诊断

（一）妊娠诊断的目的与意义

羊早期妊娠诊断技术是养羊生产管理上的一项重要内容。通过该项技术可以在母羊怀孕早期，快速准确检测母羊是否怀孕，以便加强对母羊的饲养管理，维持母畜健康，保证胎儿正常发育，以防止胚胎早期死亡或流产。若母羊没有妊娠，则应做好再次配种的准备，并找出没有怀孕原因，以便在下次配种时改进或及时治疗。这对于保胎、缩短胎次间隔、提高繁殖力和经济效益具有重要意义。

（二）妊娠诊断的方法

目前早期妊娠诊断的方法主要有：

1. 外部观察法

母羊受孕后，在孕激素的制约下，发情周期停止，不再有发情表现，性情变得较为温顺。同时，甲状腺活动逐渐增强，采食量增加，食欲增强，营养状况得到改善，毛色变得光亮润泽。该方法应用简单，不需要复杂的仪器，但是仅靠表观特征观察不能对母羊是否怀孕作出确切判断，还应结合其他方法来确诊。

2. 触诊法

待检查母羊自然站立后用手在母羊腹壁前后包动，触摸是否有胚胎包块。抬抱母羊时动作要轻，以抱为主。还有一种方法是直肠-腹壁触诊：待查母羊用肥皂灌洗直肠排出粪便，使其仰卧，然后用直径1.5厘米、长约50厘米、前端圆如弹头状的光滑木棒或塑料棒作为触诊棒，使用时涂抹上润滑剂，经过肛门向直肠内插入30厘米左右，插入时注意贴近脊椎。一只手用触诊棒轻轻把直肠挑起来以便托起胚胎包块，另一只手则在腹壁上触摸，如有胞块状物体即表明已妊娠；如果摸到触诊棒，将棒稍微移动位置，反复挑起触摸2～3次，仍摸到触诊棒即表明未孕。

3. 阴道检查法

妊娠母羊阴道和黏膜会发生一系列的变化，根据这些变化，可以确定母羊是否妊娠。主要内容有：第一看阴道黏膜变化。母羊怀孕后，阴道黏膜由空怀时的淡粉红色变为苍白色，但用开膣器打开阴道后，很短时间内即由白色又变成粉红色，而空怀母羊黏膜始终为粉红色。第二看阴道黏液变化。怀孕母羊的阴道黏液呈透明状，而且量少浓稠，能在手指间牵成线。相反，如果黏液量多、稀薄、颜色灰白则母羊为未孕。第三看子宫颈变化。怀孕母羊子宫颈紧闭，色泽苍白，并有浆糊状的黏块堵塞在子宫颈口，人们称之为"子宫栓"。

4. 免疫学诊断法

怀孕母羊血液、组织中具有特异性抗原，能和血液中的红细胞结合在一起，用其诱导制备的抗体血清和待查母羊的血液混合时，妊娠母羊的血液红细胞会出现凝集现象。如果待查母羊没有怀孕，就会因为没有与红细胞结合的抗原，加入抗体血清后红细胞不会发生凝集现象。由此可以判定被检母羊是否怀孕。

5. 孕酮水平测定法

测定方法是将待查母羊在配种 20～25 天后采血制备血浆，再采用放射免疫标准试剂与之对比，判定血浆中的孕酮含量，判定妊娠参考标准为绵羊每毫升血浆中孕酮含量大于 1.5 纳克，山羊大于 2 纳克。

6. 超声波探测法

超声波诊断法是把超声波的物理特点和动物组织结构的声学特点密切结合的一种物理学诊断法。其以高频声波对动物的子宫进行探查，然后将其回波放大后以不同的信号显示出来。目前超声波在家畜早期妊娠诊断中应用相当广泛。据报道，在山羊配种后 33～80 天期间，用 B 超仪对妊娠和未妊娠羊的诊断准确率可达到 99％以上。B 超仪用于山羊妊娠诊断不仅方便、快捷，而且安全、可靠。

五、分娩与接产

分娩是指母羊将发育成熟的胎儿和胎盘从子宫中排出体外的生理过程。

（一）分娩前的变化

母羊在分娩前，机体的某些器官在组织和形态上发生显著的变化。根据这些变化，可以大致预测母羊的分娩时间，以便做好助产准备。

1. 乳房的变化

乳房在分娩前迅速发育，乳头直立，临近分娩时可以从乳头中挤出少量清亮胶状液体，或少量初乳。

2. 外阴部的变化

临近分娩时，阴唇逐渐柔软、肿胀、增大，阴唇皮肤上褶皱展平，皮肤稍变红。阴道黏膜潮红，黏液由浓厚黏稠变为稀薄滑润，排尿频繁。

3. 骨盆的变化

骨盆的耻骨联合、荐骼关节以及骨盆两侧的韧带活动性增强，尾根及两侧松软，肷窝明显凹陷，以临产前 2～3 小时最为明显。用手握住尾根做上下活动，感到荐骨向上活动的幅度增大。

4. 行为变化

母羊精神不安，食欲减退，甚至停止反刍。不断努责和鸣叫，四肢刨地，回顾腹部，起卧不安，喜单独呆立墙角或趴卧等。腹部明显下陷是临产的典型征兆，应立即送入产房。

（二）分娩过程

母羊分娩过程以正产为多，分娩时间一般 30～50 分钟，分娩过程分为 3 个阶段，即子宫开口期、胎儿产出期、胎衣排出期。

1. 子宫开口期

母羊从子宫开始阵缩起，到子宫颈完全张开为止。在这段时间，有一些母羊有轻度不安的表现。主要表现有时卧时起、卧立不安、翘尾巴、时常会做排尿的姿势等现象，并且会寻找一个不受干扰的位置进行生产。这一个时期除了个别的母羊会偶尔有努责，一般只有阵缩不会发生努责。母羊的开口期末，一般可以看见胎膜露出体外。山羊母羊的开口期正常为 4～8 小时。

2. 胎儿产出期

从母羊的子宫颈完全张开、胎囊以及羔羊的前肢部分切入阴部、母羊开始努责起，到羔羊完全排出为止这一个时间段内，阵缩和努责同时发生作用。生产母羊总体表现为极度不安，先是时卧时起，再就是羔羊头部通过骨盆出口的时候，一般母羊均会呈侧卧生产状态，四肢用力伸直，强烈努责、大声嘶叫。极个别头窝生产母羊，有的时候会选择站立的姿势生产。在羔羊头部露出体外以后，母羊会稍作休息，然后会继续将羔羊产出体外。母羊生产完站立起来时，羔羊的脐带会被自行挣断，仅剩胎衣留在体内。羔羊的产出期为 0.5～4 小时，双胎或者是多胎的时候，每只羔羊产出体外的间隔时间为 5～15 分钟，很少会出现超过 15 分钟的情况。羔羊产出体外以后，母羊的表现会变得安静，稍微休息过后，母羊会站起来照顾刚出生的小羔羊，将羔羊身上的羊水舔舐干净。

3. 胎衣排出期

是从羔羊的产出到胎衣完全的排出的时间段。羔羊生出来以后，母羊会安静下来，几分钟以后，体内会再次出现微弱的阵缩，这时生产母羊努责会停止或仅有微弱的努责。由于山羊母体胎盘呈盘状，一般胎衣排出体外的时间为 0.5～2 小时。山羊在怀双羔或多羔的情况下，胎衣是在全部羔羊产出体外之后，会一起或者是分次排出。

（三）难产与助产

在母羊分娩过程可能会遇到难产的情况，此时我们要先判断母羊难产的原因（阵缩无力、胎位不正、子宫颈和骨盆腔狭窄等），根据这些原因对母羊进行全面检查，并及时实施人工助产。助产的时机应在母羊开始阵缩超过 5 小时以上，而未见羊膜绒毛膜在阴门外或在阴门内破裂，母羊停止阵缩或阵缩无力时，须迅速进行人工助产，不可拖延时间，以防羔羊死亡。

助产准备工作有：

（1）术前询问母羊分娩的时间，是初产或经产，看胎膜是否破裂，有无羊水流出，检查全身状况。

（2）保定母羊使其侧卧，保持安静，让前躯低后躯稍高，以便于矫正胎位。

（3）对助产者手臂、助产用具进行消毒，对母羊阴户外周用 1 ∶ 5000 的新洁尔灭溶液进行清洗。

（4）注意产道有无水肿、损伤、感染，产道表面干燥和湿润状态。

（5）确定胎位是否正常，判断胎儿死活，胎儿正产时，手入阴道可摸到胎儿嘴巴、两前肢，两前肢中间夹着胎儿的头部；当胎儿倒置时，手入产道可发现胎儿尾巴、臀部、后蹄及脐动脉，以手指压迫胎儿，如有反应，表示尚活存。

常见的难产位有头颈下弯、前肢腕关节屈曲、关节屈曲、胎儿下位、胎儿横向、胎儿过大等，可按不同的异常产位将其矫正，然后将胎儿拉出产道。多胎母羊，应注意怀羔数目，在助产中认真检查，直至将全部胎儿助产完毕，方可将母羊归群。当羊怀双羔时，可遇到双羔同时各将一肢伸出产道，形成交叉的情况，此时可将另一羔的肢体推回腹腔，先整顺一只羔羊的肢体，将其拉出产道，再将另一只羔羊的肢体整顺拉出。切忌将两只羔羊的不同肢体误认为同只羔羊的肢体。

（四）初生羔羊的护理

初生羔羊的身体器官发育尚未成熟，体质较弱，适应性较差，极易发生死亡。为了提高羔羊的成活率，减少发病死亡，需对新生羔羊进行特殊的护理。

1. 保证呼吸

羔羊产出后立即用干净布将口、鼻、眼及耳内黏液掏净擦干，若此时胎膜未破，应先将胎膜撕破，以利于羔羊呼吸。

2. 断脐消毒

初生羔羊脐部不消毒可造成羔羊脐部感染，增加养羊户的经济损失。因此，在羔羊出生后，要将脐部创口用3％双氧水清洗，并用消过毒的剪刀断脐，离脐带5厘米处用消过毒的线扎紧，脐端涂上5％的碘酒消毒，以此来杀灭病菌。

3. 假死救护

遇到羔羊假死时，要立即用清洁白布擦去其口腔及鼻孔污物，如羔羊吸入黏液出现呼吸困难，先将羔羊两个后腿提起并拍打胸部或背部直至吐出黏液。若羔羊出生后不呼吸、闭目，用手触摸心脏部位可感到有微弱的心跳，立即将羔羊放在前低后高的地方进行人工呼吸，也可以用棉球蘸些碘酒或酒精滴入鼻腔刺激羔羊呼吸。寒冷天气羔羊冻僵不起时，在生火取暖的同时迅速用38℃的温水浸浴，逐渐将热水兑成40～42℃浸泡20～30分钟，再将羔羊拉出迅速擦干并放到暖处。

4. 防寒保暖

保证产羔舍的温度，让母羊舔干羔羊身上的黏液。当母羊不愿舔时，可在羔羊身上撒些麸皮，或将羔羊身上的黏液涂在母羊嘴上诱其舔羔，其作用是增进母子感情，获得催产素，有利于胎衣排出。

5. 保证吃上初乳

羔羊出生后要让它早吃初乳，以获得较高的母源抗体。母羊产后 1 周内分泌的乳汁叫初乳，初乳浓度大、养分含量高，含有大量的抗体球蛋白和丰富的矿物质元素，可提高羔羊的抗病力，促使羔羊健康生长。

6. 寄养

对于出生后母羊死亡的羔羊可进行寄养。选择产羔时间相接近的产单羔而乳汁多或羔羊死亡的母羊充当保姆羊，将保姆羊分娩的黏液涂在羔羊身上，混淆母羊的嗅觉，母羊便会允许吮乳。若找不到保姆羊时，一般用奶瓶给羔羊喂牛奶和羊奶等代乳品，饲喂时要注意定时、定量、定温、定质。

7. 及时补饲

初生羔羊主要靠母乳获取营养，但随着日龄的增长和胃容积的扩大，仅靠母乳已经满足不了羔羊生长发育的营养需要，必须及时补喂草料。羔羊出生后 15 日龄补喂草料，以优质新鲜牧草为主，从 20 日龄起调教吃料，将炒熟的豆类磨碎加入数滴羊奶，用温水拌成糊状放入饲槽内，让羔羊自由采食。

8. 做好日常护理

日常护理是实现羔羊饲养管理目标的主要管理措施。简要概括为"二勤""三防""四定"。"二勤"：勤观察羔羊脐带、排便腹泻、精神状态、是否咩叫等以及母羊产羔排出的胎衣、羊水、恶露等；勤扫圈舍、饲槽、饮水槽、粪便、羊毛。"三防"：防止冻伤羔羊蹄、耳、嘴及冻感冒；防止由于母羊奶水不足使羔羊挨饿；防止羔羊受凉、吃多等引起腹泻、感冒、不吃等病。"四定"：定时喂奶、定时断尾、定时称重、定期消毒。

第三节　肉羊繁育新技术

合理利用繁殖新技术，对于提高繁殖率和经济效益具有重要意义。目前肉羊繁育使用的新技术有同期发情技术、定时输精技术和超数排卵技术等。

一、同期发情技术

（一）同期发情基本原理

羊同期发情技术是指通过某些激素类药物等，人为控制母羊群发情进程，使母羊群集中于特定时间段同时发情、排卵，应用优良种公羊精液对同期发情母羊群进行集中人工输精，实现肉羊规模化、批量化生产的高效繁殖技术。此项技术的应用可以使配种、妊娠、分娩和培育等生产过程同期化，节省人力物力，缩短生产间隔，降低生产成本，从而提高肉羊养殖的效益。

母羊由于黄体期占整个发情周期的大部分时间，且黄体期的结束是卵泡期到来和发情的前提条件，所以同期发情的根本问题是控制黄体期的时间，并在一定的时间同时停止黄体期。在母羊的同期发情中，人工缩短黄体期或延长黄体期是目前进行同期发情技术所采用的基本技术途径。

1. 缩短黄体期的方法

母羊同期发情中可以使用前列腺素及其类似物溶解黄体，降低孕酮水平，人为终止黄体期，促进脑下垂体促性腺激素的释放，使母羊提前排卵、提前发情。

2. 延长黄体期的方法

母羊同期发情中可以使用孕激素（如孕酮及其类似物），使血液中的孕激素保持一定水平，以抑制卵巢中卵泡的生长发育和母羊发情，从而人为延长黄体期。按照配种计划，在恰当的时间同时停用外源激素，便会使被处理的母畜实现同期发情。

同期发情主要有以下优点：

（1）**集中配种** 可以缩短配种季节，使母羊集中产羔，便于管理，节省劳动力。可以提高公羊的利用率，自然发情交配时，一只公羊一次只能配种一只母羊，而采用人工授精技术，采精1次至少可以给20只母羊输精。只有母羊发情集中，才能保证精液的充分利用，有利于提高优良种公羊的配种效能。

（2）**有利于种羊场开展异地配种业务** 羊场可以直接利用本场内的优良公羊对母羊进行同期发情处理，也可以从种羊场购买精液，对本场的母羊进行集中输精，达到同期发情的目的。有利于提高优良种公羊的利用率，加快品种改良的步伐。

（3）**配种同期化** 配种同期化对以后的产羔、羊群周转以及商品羊的成批生产等一系列的组织管理带来方便，适应现代集约化生产或工厂化生产的要求。

（4）**有利于提高母羊的受配率** 采用自然发情配种的羊场，只是被动地等待母羊发情，而无法发现空怀母羊，不能及时配种，导致长期失配空怀。同期发情处理的过程，对母羊也是诱导发情的过程，大多数不发情的母羊经过同期发情处理，就能正常发情，从而提高了母羊的受配率。

（5）**克服了母羊季节性发情的限制** 羊是季节性发情的动物，存在发情季节和乏情季节。秋天是母羊发情较为集中的时间，其他季节也有发情的母羊，但是数量不多。如果完全采用自然发情配种，大多数母羊1年只能产1胎。但是利用同期发情技术可以诱导不发情的母羊发情，从而有利于提高母羊的平均年产胎次。

（二）同期发情的方法

目前，用于同期发情的药物有前列腺素（PG）及其类似物；孕激素类如孕酮（P）、甲孕酮（MAP）、氟孕酮（FGA）、氯地孕酮（CAP）、16-次甲基甲地孕酮（MGA）等；此外，还有一些辅助药物，如促卵泡激素（FSH）、孕马血清促性腺激素（PMSG）、促性腺激素释放激素（GnRH）、马绒毛膜促性腺激素（eCG）等。其使用方式有口服、皮下注射、埋植和阴道栓放置等。而在实际生产中常将几种激素联合使用，再配合使用促进卵泡生长和成熟的激素药物，以此达到同期发情的目的。

1. PG 法

用前列腺素或类似物进行同期发情处理的方法统称为 PG 法，PG 法的处理方式主要为皮下注射，通常有一次处理法和二次处理法。前列腺素具有溶解黄体的作用，对于卵巢上存在功能黄体的母羊，注射前列腺素后，黄体溶解，黄体分泌的孕酮对卵泡的抑制作用消除，卵巢上的卵泡就会发育成熟，并使母羊发情，但对卵巢上无黄体的母羊无效。妊娠母羊注射前列腺素后可引起流产。

（1）**PG 一次处理法** 全群母羊第一次全部注射 PG（不同PG 产品参照说明书执行），卵巢上有黄体的母羊，在注射后的72~90 小时内发情，发情后即可输精。

（2）**PG 二次处理法** 对第一次注射无反应的羊，10 天后第二次注射。在此期间，这些母羊可能由于自然发情卵巢上形成黄体，从而对第二次注射产生反应。

利用 PG 法进行同期发情的优点是成本低、操作简单；缺点是对卵巢上无黄体的母羊不起作用；只有在发情季节才有效果，在非发情季节使用效果不佳；妊娠母羊误用后可引起流产。

PG 一次处理法受胎率和同期发情率都较低，PG 二次处理法可以使大部分母羊在同一时间段内发情，其同期发情率在 85% 左右。

2. 孕激素和促性腺激素联合使用

孕激素和促性腺激素组合是近年来研究较广、效果较优的组合。孕激素和促性腺激素结合使用的常见方法有孕激素＋PMSG 法、孕激素＋FSH 法等。

（1）孕激素＋PMSG 法　将阴道孕酮释放装置（CIDR）或含孕酮制剂的海绵栓放置于羊阴道深处，放置的同时肌注复合孕酮制剂，放置 12～14 天取出，同时肌注 PMSG 400～750 单位，2～3 天后大多数母羊集中发情。孕激素种类及用量为：甲孕酮（MAP）50～70 毫克，氟孕酮（FGA）20～40 毫克，孕酮 150～300 毫克，18-甲基炔诺酮 30～40 毫克。这种方法在繁殖和非繁殖季节均可使用，平均同期发情率可达 95% 以上，但成本较高。

（2）孕激素＋FSH 法　国内有学者研究发现，用 3 种不同的方法处理母羊（第 1 组：CIDR＋FSH；第 2 组：CIDR＋FSH＋PG；第 3 组：CIDR＋PMSG）进行母体同期发情处理。具体为：在母羊阴道内埋植 CIDR，第 16 天撤栓，撤栓的同时向母羊肌内注射 FSH 200 单位/只、PG 0.1 毫克/只或 PMSG 400 单位/只。发现 3 种方法均能达到同期发情的目的，同期发情率在 87% 以上。

孕激素和促性腺激素的联用可以提高母羊同期发情率，CIDR＋FSH 法、CIDR＋FSH＋PG 法、CIDR＋PMSG 法的同期发情率分别为 87.4%、87.5%、96.2%；并且三种方法中排卵并形成黄体羊的比例为 77.6%、79.6%、90.7%。总体来说，CIDR＋PMSG 法的处理效果最好，同期发情率最好，比 CIDR＋FSH 法和 CIDR＋FSH＋PG 法分别提高 8.8% 和 8.9%。

3. 孕激素+ PMSG/FSH+ PG 法

（1） CIDR+ PMSG+ PG 法　采用 CIDR＋PMSG＋PG 法进行同期发情时，在母羊阴道深处填入孕酮栓，第 13 天取栓，在埋栓后的第 12 天肌注 PMSG 350 单位/只，取栓的同时肌注 PG1 毫升/只。

（2） CIDR+ FSH+ PG 法　在母羊阴道深处埋入孕酮栓，在埋栓的第 9 天开始连续 4 天肌注 FSH，每日 2 次（第 1 天每次 28 单位，第 2 天每次 23 单位，第 3 天每次 18 单位，第 4 天每次 13 单位，注射总量为 164 单位/只），第 7 次注射 FSH 时（即在填栓的第 12 天）取出孕酮栓，取栓的同时肌注 PG1 毫升/只。

国内学者研究发现，用三种不同的方法（A 组：2 次 PG 处理；B 组：CIDR＋FSH＋PG；C 组：CIDR＋PMSG＋PG）对波尔山羊母羊进行同期发情，结果表明采用 CIDR＋FSH＋PG 法和 CIDR＋PMSG＋PG 法的同期发情率显著高于 2 次 PG 法，虽然 CIDR＋PMSG＋PG 法与 CIDR＋FSH＋PG 法的同期发情效果差异不显著，但 PMSG 半衰期长，只需一次注射，具有操作简单、方法易于掌握、成本低的优点，便于在生产中推广应用。

（3） NRID+ FSH/hMG+ PG 法　同期发情时，在母羊阴道内放置 NRID（炔诺酮阴道缓慢释放装置）进行处理，试验 1 组在撤除 NRID 前 48 小时和前 24 小时肌注 FSH 各 25 单位；试验 2、3 组分别在撤除 NRID 前 48 小时肌注 hMG（人绝经期促性腺激素）15 或 20 单位。并在撤栓的同时肌注氯前列烯醇 1 毫升（0.1 毫克）。国内学者对多浪羊利用 hMG 和 FSH 配合孕激素的同期发情试验中发现，三种方法（NRID＋FSH＋PG、NRID＋15 单位 hMG＋PG、NRID＋20 单位 hMG＋PG）均能提高母羊同期发情率，并且 3 组间差异不显著。这 3 种方法均可用于多浪羊的同期发情处理，尤其是在胚胎移植时，可以充分提高受体母羊的利用率并降低饲养成本和药物成本。

孕激素＋PMSG/FSH＋PG法处理使母羊同期发情率均在80％以上。在用CIDR进行处理时，CIDR＋FSH＋PG法和CIDR＋PMSG＋PG法的同期发情率分别为88％和90％，其产羔率分别为192％和195％。在用NRID进行处理时，NRID＋FSH＋PG法、NRID＋hMG（15单位）＋PG法、NRID＋hMG（20单位）＋PG法的同期发情率分别为89.06％、91.53％、93.1％。

4. GnRH+丙二醇法

丙二醇作为GnRH的助溶剂，其生物利用度比聚乙二醇高，而且丙二醇具有较低的毒性。

（1）在母羊同期发情试验中，向母羊前后两次注射PGF2α，注射时间间隔为7天，每次注射剂量为5毫克，在第二次注射PGF2α的32小时后，对母羊注射50微克GnRH和4毫升丙二醇，发情率比单独注射GnRH高（83.3％和66.7％）。

（2）在前面的基础上，向母羊子宫颈阴道深处埋入CIDR，5天之后撤去CIDR，在撤去CIDR栓的同时注射5毫克PGF2α。将母羊分为4个不同的处理组（eCG组：注射400单位eCG；对剩余所有母羊注射50微克GnRH，在去除CIDR后的24小时、36小时、56小时分别注射4毫升丙二醇）。结果发现，36小时注射GnRH＋丙醇效果最好，在CIDR撤去后，GnRH中添加丙二醇有助于促进排卵前卵泡的充分发育和成熟，可为非繁殖季节应用GnRH奠定基础。

几种方法处理时发情率存在差异，其中56小时注射水配GnRH发情表现最好（100％）；eCG法处理时其发情率达87.5％；在用丙二醇做GnRH的助溶剂时，36小时注射丙二醇比24小时注射效果好（36小时为80％；24小时为18.2％）。

5. 孕激素海绵栓+PGF2α+精氨酸法

研究表明，在母羊发情第7天用含孕激素的海绵栓加PGF2α，同步发情 9 天。从海绵栓插入的第 5 天至交配后第 25 天，在基础饲粮基础上连续饲喂 7.8 克 L-精氨酸盐酸盐，配种后受胎率提高了 34%。

母羊在同期发情期补充 L-精氨酸盐酸盐能提高同期发情率（53%→87%）、排卵数（1.2±0.1→1.5±0.2）、妊娠率（80%→87%），并且产羔数提高了 10%（0.8→0.9）。

总体而言，利用上述方法均能提高母羊同期发情率，达 85% 以上，但是因羊的品种不同，同期发情效果也有差异。同期发情效果阴道栓和二次 PG 法均好于一次 PG 法，阴道栓中的进口硅胶栓要好于国产硅胶栓和海绵栓。但是，PG 法在繁殖季节使用时效果较好，在非繁殖季节使用时效果一般。在其他的同期发情处理方法中CIDR＋PMSG、CIDR＋PMSG＋PG 及 NRID＋hMG＋PG 的同期发情效果最好，同期发情率均在 90% 以上。

(三) 同期发情的注意事项

1. 营养全面的饲料

对母羊进行高频率的人工授精时，需要保证母羊的营养全面。尤其是在同期发情开始放栓到配种前后的 15 天、母羊产前及产后一个月，更应重视营养的供应。在母羊产后一个月，增加母羊营养，可以尽快恢复母羊的体况，促进发情排卵。

2. 防止感染

使用阴道海绵栓时，要注意海绵吸收的黏液是否对羊的子宫颈口及周围造成感染，从而影响受精。因此，在取栓时要严格对羊的阴道进行消毒冲洗，提高受胎率。

3. 要注意羊只类别和个体的差异

前列腺素、孕马血清促性腺激素等药物对成年、体况良好的母羊用药效果较好，但是对未成年羊、瘦弱羊及老龄羊效果较差。其主要原因在于，成年母羊生殖器官发育成熟，体内激素分泌平衡处于正常的生理状态，未成年羊和老弱病羊的生殖机能相对较差，体内激素分泌量不足，激素之间不平衡，对所用药物的反应较迟钝，效果自然就差。因此，应选择体况良好、成年的母羊进行同期发情，以此提高经济效益。

4. 注意用药剂量

秋季用前列腺素诱导母羊同期发情时，应严格控制前列腺素的剂量，若剂量过大，会造成发情率较高而受胎率较低的情况。应用孕马血清促性腺激素类药物时，用药量过大会造成母羊排卵数增加，但是也要考虑子宫是否能够提供足够的营养和空间来保证胎儿完成发育，排卵数过多也不利于胎儿生长发育和存活。

二、定时输精技术

（一）定时输精的意义

定时输精（TAI）是根据家畜的繁殖和调控规律，利用外源生殖激素对生产母畜进行整批处理，使母畜的发情、排卵具有可控性和同步化，从而实现准时输精，达到提高家畜人工授精效果的一项繁殖技术。

定时人工授精（FTAI）已发展成为一种肉羊繁育新技术，在同一时间范围内，大量母羊在最后一次处理后在同一时间内进行FTAI。这个方法的最大优点是省去了发情鉴定环节直接输精，减少了因发情鉴定不准确导致的错配、漏配，从而提高母羊的利用率、受胎率和产羔数；还能促进养殖场的批次化管理、降低劳动成本、提高畜牧业生产水平和经济效益。

（二）定时输精的方法

定时人工输精的方法主要有：

1. 孕激素+ eCG+ FTAI

在阴道内植入黄体酮海绵（60 毫克 MAP），14 天后取出海绵，在取出的同时给予注射 200 单位 eCG，54 小时后对母羊进行人工输精。使用 MAP＋eCG 方案进行定时人工授精，母羊的妊娠率比 PG＋eCG 处理提高 13.9%（62.5% vs76.4%），繁殖率提高了 7.6%（71.2%vs78.8%）。

使用 MAP＋cCG 法妊娠率、繁殖率比 PG＋eCG 法高，在 75% 以上，但 PG＋eCG 法多产率（114%）比 MAP＋cCG 法（103%）高 11%。尽管使用 MAP＋eCG 方案的繁殖率更高，但需要考虑到使用长时间间隔 PG 治疗方案对环境的影响较小。为了提高多产性并降低对环境的影响，尽可能采用 PG＋eCG 治疗方案。

2. eCG+ FTAI

将阴道海绵栓植入 12 天，在第 12 天海绵撤除时肌注 200 单位 eCG。之后在海绵取出 48 小时和 56 小时后，分别对发情母羊进行 2 次人工输精，此方法可使产羔率达 60.42%。

利用 eCG＋FTAI 法可以提高母羊发情率（70% 以上）和产羔率（60% 以上），在实际生产中可以利用它来增加羔羊的产量。

3. PG+ GnRH+ FTAI

对母羊注射两次 PGF2α，每次间隔时间为 7 天，在第二次 PGF2α 注射后的 24 小时或 36 小时注射 8.4 微克 GnRH 类似物，所有母羊在第 2 次 PGF2α 注射后 44~47 小时进行人工授精。结果发现，排卵率 97% 以上，36 小时注射后定时人工输精的产羔数提高了 0.04 只。

利用该项技术，使排卵率达 97% 以上，但对产羔数作用不大。在第 2 次 PGF2α 注射 24 小时后使用 GnRH 使繁殖性能下降，而在 36 小时后应用 GnRH 不能提高繁殖性能。

总体而言，采用 PG＋eCG＋FTAI 处理能提高其繁殖能力，并且效果较好。定时输精技术目前在各羊场的使用效果不尽一致，可能与品种、营养状态、管理等因素有关。若想在肉羊繁育过程中大面积推广使用，则需先进行小规模试验，再全面推广。

第五章
肉羊养殖智能化技术与装备

第一节　养殖环境监测技术与装备

当前国内对畜禽设施养殖环境的监测主要是靠养殖人员的经验进行人工观测、人工调节，调节有滞后性，生产效率低，占用人力资源多，这一做法基本无法适应现代化的养殖要求，导致我国的畜禽业生产处于落后水平。

因此，根据畜禽养殖环境的特点，利用智慧畜禽养殖环境测控系统对温度、湿度、有害气体浓度等主要环境参数进行准确和实时监测是十分必要的。以监测数据为参考依据，对畜禽舍养殖环境进行调控，能大大提高畜禽舍管理效率。

一、智能畜禽养殖环境综合测控系统

1. 系统介绍

（1）系统设计原理　智能畜禽养殖系统是将物联网智能化感知、传输和控制技术与养殖业结合起来，利用先进的网络传输技

术，围绕集约化畜禽养殖生产和管理环节设计而成。系统通过智能传感器在线采集养殖场环境信息（二氧化碳、氨气、硫化氢、空气温湿度等），同时集成及改造现有的养殖场环境控制设备，实现畜禽养殖的智能生产与科学管理。管理员可以通过手机、PDA、计算机等信息终端，实时掌握养殖场环境信息，及时获取异常报警信息，并可以根据监测结果，远程控制相应设备，实现健康养殖、节约成本、减少人工、节能降耗的目的。系统在增加相应控制设备后可定时定量或按需求喂料、喂水、照明、降温、升温、通风换气、清粪等，从而实现禽畜养殖自动化。

（2）系统组成结构及优势

① 系统主要由采集层、传输层、控制层、应用层组成。

信息采集系统：二氧化碳、氨气、硫化氢、空气温湿度、光照强度、气压、粉尘等各类传感器，实时采集养殖舍内的环境值。

无线或有线传输系统：无线传输终端或有线线路，将采集层的数据传输到上位机平台。即可远程无线传输采集数据。

自动控制系统：主要包括温度控制、湿度控制、通风控制、光照控制、喷淋控制以及定时或远程手动喂食、喂水、清粪等。

视频监控系统：可远程监控各舍内的视频图像及环境变化情况，及时查看畜禽的成长生活状况，密切关注疫情的发生、防治。

软件平台：可通过电脑或手机等信息终端，远程实时查看养殖舍内的环境参数，通过应用平台实现自动控制、各类报警功能。

② 系统优势：采用先进准确的数字传感器，可精准地检测各项环境指标。采用物联网技术，利用无线通讯，用户可远程监控。自动化控制，可自动控制通风机、光照装置、环境模拟系统等，定时自动喂食、喂水，大大降低人工成本。自报警装置，当某项环境指标不达标或超标时便自动报警。人性化人机界面，简便易懂，操作方便。

2. 信息采集系统

感知层信息采集系统一般有空气温湿度传感器、二氧化碳传感器、氨气传感器、硫化氢传感器，实时采集舍内的环境数值，并上传至采集终端。实现养殖舍内环境因子（包括二氧化碳、氨氮、硫化氢、温度、湿度、光照强度、视频等）信号的自动监测、采集与传输。

（1）温湿度监测——营造舒适的温湿度环境 通过温湿度传感器，实时监测采集养殖舍内外的温湿度数值，通过舍内外的温度对比，及时采取控制温湿度的措施。在炎热夏季，当室内温度高于室外温度时，启动风机进行空气交换、通风排湿；在寒冬，需要进行保温处理，适当采取送暖措施（如太阳能、电热炉、锅炉供暖）等。

（2）光照度监测——保证充足的光照时间 光照影响畜禽生长发育、食欲、性成熟、换毛。所以，充足的光照时间是保证动物健康、快速成长的重要因素。对于阴天养殖舍内光线阴暗或冬季日照时间不足的情况，适当增加辅助照明，弥补光照度的不足。

（3）二氧化碳、氨气、硫化氢等气体监测——通风换气，保持养殖舍内空气清新 二氧化碳为无色、无臭、略带酸味的气体。二氧化碳无毒，但养殖舍内二氧化碳含量过高，氧气含量会相对不足；氨气和硫化氢主要来自有机物（粪尿、垫草和饲料）的分解。氨气是公认的应激源，硫化氢是畜禽养殖舍内浓度比较高的一种有毒气体，具有臭鸡蛋味，这些有害气体不仅对人和畜禽的健康造成影响，而且容易对周围环境产生污染。氨气等有害气体对养殖动物的呼吸道黏膜的刺激，极易诱发慢性呼吸道病症，继而发生腹水综合征等，对养殖动物的危害极大。

因而，必须对养殖场内的二氧化碳、氨气、硫化氢等气体进行分析检测，控制各种气体的浓度。智能畜禽养殖环境测控物联网系统，应用二氧化碳传感器、氨气分析仪、硫化氢传感器等设备，实时采集养殖舍内的气体参数值。将数值传输到管理平台，控制设备联动控制通风换气，可以及时排出污浊空气，不断吸收新鲜空气。同时考虑到对舍内温湿度的影响，冬天选择温度较高时通风换气，夏天选择凉爽的夜晚或早晨通风换气。

（4）压力监测——保证环境适宜　由于某些时候通风差等原因，会造成养殖舍内外压力存在差异，不利于气体流通，导致舍内有害气体浓度过高。该系统可以实时监测、采集养殖舍内外压力，当出现压差时，系统可联动控制相关设备运行，以保证空气流通。

3. 智能人机界面

（1）智能人机界面概述　数据信息采集传输到控制层，再到达智能畜禽养殖环境物联网系统的控制终端——智能控制柜。控制柜通过智能人机界面实现养殖舍内参数显示、设备的联动控制。人机界面（也叫 HMI）触摸屏主要用于系统的数据显示和参数设置，并提供了数据查看、数据修改的功能，它安装在养殖舍环境主控柜的面板上，显示养殖舍内部的温度、湿度、光照强度、二氧化碳含量等数值，以及配套设备如风机、空调、喷淋器和刮粪板等设备的启停状态。这样一个养殖舍只需一个工作人员就可对整个舍内的状态和数据信息完全掌握，节省了人力资源。另外对于系统的异常状况在屏幕上也能及时显示，并声光报警提醒工作人员及时处理信息和排除故障。

（2）实现的主要功能

① 实时的资料趋势显示——把读取的数据资料立即显示在屏幕上。

② 自动记录资料——自动将资料储存至数据库中，以便日后查看。

③ 历史资料趋势显示——把数据库中的资料作可视化的呈现。

④ 报表的产生与打印——能把资料转换成报表的格式，并能

够打印出来。

⑤ 图形接口控制——操作者能够透过图形接口直接控制机台等装置。

⑥ 警报的产生与记录——使用者可以定义一些警报产生的条件。

⑦ 调取系统运行参数——使用管理员身份可调取系统运行参数进行查看和修改。

⑧ 独特的管理员权限——具有管理员操作界面，提高系统安全性。

4. 图像数据视频监控系统

在有条件的养殖舍内安装视频监控，以便随时查看现场动物生长情况，减少人工现场巡查次数，提高效率。从科学养殖、提高养殖管理水平、实现现代化养殖的角度来看，视频监控是现代化养殖业发展的必然趋势。

（1）技术原理概述 图像数据视频监控系统采用全新的基于Flash解码视频压缩技术，结合音频、信息流的传输、实时视频管理系统，提供实时视频在线平台。该系统平台结合现代视频技术、网络通信技术、图像压缩技术、信息流媒体传输技术、计算机控制技术，把不同用户的实时视频使用需求，以电脑、手机客户端的形式展示出来；并与 ADSL、CDMA、WIFI 等传输技术及网络视频服务器相结合，通过任何网络（局域网/城域网/专网/互联网）完成信息采集、传输、实时视频、管理和存储的全过程，同时也可以在不需安装插件情况下，利用 HTML5 技术通过办公 PC、移动终端（手机）等多种设备进行网上直播。在养殖场内安装视频监控，可以降低费用，节省成本，加强养殖场的管理。

（2）主要优势

① 畜禽养殖监控系统可随时监控养殖场的实时状况，实现了养殖场的远程管理，可通过视频看到实际情况，进行远程操作和监控。有利于严格按照规范进行养殖，能够及时发现养殖过程中的隐

患，尽早采取措施排除隐患，提高存活率。

② 无需亲临现场就可以监控到养殖舍内现场情况，便于管理层和参观人员了解养殖生产情况，真正全方位地实现了智能化管理、智慧养殖的目的。

③ 感应式数据采集、智能化设备代替传统的人力控制，使控制过程更加精细、更加快速、更加准确。

④ 完整的网络版软件配套，使制定及修改复杂的多级管理系统变得非常简单、方便；各层管理者可通过网络简单快捷地查询到各种饲养信息；智能化的数据备份功能，保证数据的稳定不丢失，保持长久。

⑤ 智能电子耳标可以对畜禽进行智能跟踪管理，在发生疫情的第一时间可追踪到病源，做到及时防控、追根溯源，把养殖户的损失降到最低。

5. 系统软件应用平台

智能畜禽养殖环境监控系统，可以实现对如温度、湿度、气体浓度、光照度等参数的自动监测、采集、调节与控制，同时预留手动控制模式，通过手动与自动的完美结合，达到理想的控制效果，为动物营造舒适、健康生长环境，实现更好的经济效益。系统软件具有界面友好、结果可视化的特点。

① 提供每个监测点的温湿度、氨气浓度、二氧化碳浓度、光照度、大气压力等环境参数。

② 支持历史数据查询，可对一些突发事件提供数据依据。

③ 历史曲线、统计报表功能，通过观察变化趋势，可以总结出相应的规律，进而总结出一些养殖管理经验。

④ 数据自动存储、记录，并可导出 Excel 表格形式，方便日后查找和参考。

⑤ 系统软件采用工业组态平台，具有性能稳定、便于维护、

扩展方便等特点。可以根据养殖舍分布情况，在界面上区分养殖舍位置、布局，监控界面更加生动形象。

⑥ 监测软件采用中文操作，安装简单，参数设置人性化，易于操作使用。

6. 圣启"智慧养殖"手机 APP 应用平台

智慧农业是社会信息化发展的一部分，而智能手机为智慧农业的发展开辟了一条更快捷的道路。随着智慧农业的逐步发展，智能手机必将成为农业物联网中不可或缺的有力助手。圣启"智慧养殖"手机 APP 平台，旨在通过手机平台逐步建立养殖场远程环境监控、畜禽产品网上交易、蛋奶肉类食品质量追溯、政府监管等多平台综合一体的智能手机应用系统。

目前，由圣启科技自主研发的畜禽养殖智能环境测控物联网系统，通过设在养殖舍内的监测装置可对舍内的温度、湿度、粉尘、光照和有害气体含量进行实时检测，并将数据信号传送至监测禽舍的中央处理器上，中央处理器再将数据信号通过无线传输模块发送至手机，工作人员通过手机即可收到各种数据，实现了远程监测；同时，工作人员还能通过手机发出指令至中央处理器，通过中央处理器控制通风窗控制器和风机工作，相应地调节通风窗的开合角度及风机转速，实现了远程控制，操作简单方便，降低了劳动强度，减少了人工成本。

二、规模化羊场信息管理系统

由志远升科科技有限公司（简称"志远升科"）设计的规模化羊场信息化管理系统如图 5-1～图 5-5 所示。信息化管理需要投入成本，既然是成本投入，那这项投资就必须要在组织内体现出超值的产出和价值。从降本、增效、提质三个方面评估，羊场信息化管理系统能够节约饲喂成本，节省人工成本，提高种群利用率，提升产品附加值。

图 5-1　中国羊业数据服务平台

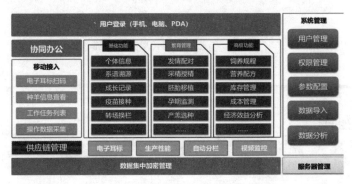

图 5-2　羊业数据集中加密管理系统

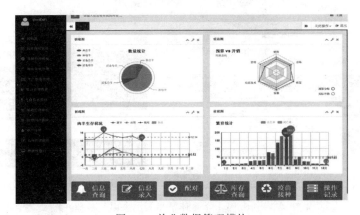

图 5-3　羊业数据管理模块

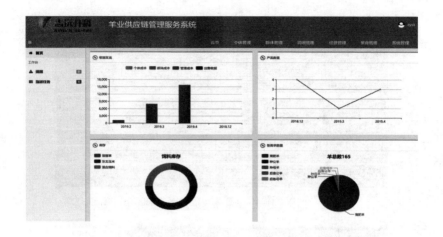

图 5-4　羊业供应链管理服务系统

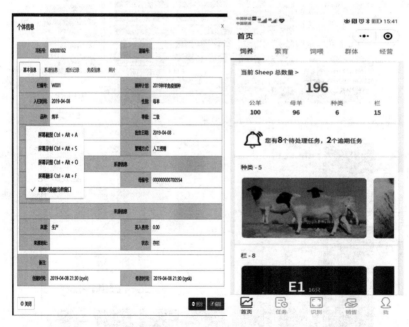

图 5-5　羊个体信息展示页面

三、肉羊养殖基地环境监测系统

我国研发出基于物联网的肉羊养殖基地环境监测系统、手机端的肉羊育种与养殖等在线管理系统。针对新的需求，对已建成的肉羊环境监测系统展示和功能页面进行代码优化，并对羊舍内不同高度的环境参数采样点进行拟合。

通过集成嵌入式系统、无线射频、网络通信、传感器以及控制技术，在示范基地里建设标准化羊舍智能环境综合监测和调控系统，建设羊舍环境参数监控装置，实现了对羊舍环境的实时监测（温湿度、氨气和硫化氢浓度），并可以根据环境参数对羊舍环境进行远程和自动控制，同时能够通过 Web 和 Android 手机实现远程的羊舍环境参数信息采集、分析以及设备控制等日常管理工作。通过开发专业软件系统，借助互联网媒介平台，对规模养殖场环境及舍饲条件进行了视频监控，并通过专门程控电子设备实现了对养殖场舍内外温度、湿度、通风、清粪等日常管理工作实施了程序化自动控制和操作，在特定情况下可用手机进行远程操作控制，完全实现了养殖生产全程的可视化、程控化和精准化远程操作，推进了现代畜牧业向生产管理全过程自动化、电子程控化、生产质量数据化、远程管理可视化发展。养殖环控系统可根据温度自动控制风机、喷淋；同时支持手动控制风机、喷淋；降低水电成本；降低牧场人工操作成本；记录分析温湿度数据，分析温湿度对产量的影响。

四、羊粪无害化处理技术

畜禽粪便是造成环境污染的重要原因，严重威胁畜禽和人类健康。羊粪高温好氧堆肥技术逐渐成为应用最广泛的粪便处理技术。通过控制羊粪堆体的碳氮比、堆体的水分、添加菌剂、建堆、供氧和发酵时间等，使羊粪堆体的腐熟在发酵微生物的一系列活动中完成。通过报告基因标记技术跟踪功能菌在羊粪好氧堆肥及相关有机肥产品施入土壤后的分布与定殖情况，开发羊粪污制造有机（类）肥料工艺等是目前进行羊粪无害化处理、提高羊粪综合利用率的重要手段。研究者通过开展一系列包括羊粪资源化利用以及牧草种植相关试验，发现条垛式堆肥发酵适合羊粪资源化处理；羊粪在有机肥还田使用中每亩地添加 1.5 吨即可。

采用纳米膜好氧堆肥发酵技术处理羊粪污。羊牛粪含水量小、碳含量高，猪鸡粪含水量大、氮含量高，把牛、羊、猪、鸡四类畜禽粪污混合后碳氮比正合适，水分含量用较稀的粪或尿液来调节达到 65% 左右，固体液态粪污同时治理，降低治理费用，添加复合微生物菌群，用纳米膜完全覆盖，输氧机自动输送氧气，在膜内形成"人工小气候"。利用微生物代谢能产生高温杀灭有害物质，通过好氧微生物降解作用将畜禽粪便中的蛋白质、果胶、多糖等有机物质降解成相对稳定的腐殖质物质，变成植物能吸收的小分子有机肥。每套设备一次能发酵处理粪污 200 立方米，发酵时间 15～20 天，在寒冷冬季照样可以工作，延长了工作期。纳米膜的孔径只有头发丝直径的五十万分之一，只允许水蒸汽、二氧化碳等小于纳米膜孔径的物质通过，将臭气大分子、病原菌、粉尘等截留在膜内，有效解决了粉尘、臭气污染空气问题，一次成功，省事省力省时，有机物降解彻底、肥效好，发酵一吨粪污成本只有几元钱，运行成本低。

第二节　肉羊个体身份标识技术

一、无线射频识别

无线射频识别即射频识别技术（RFID），是自动识别技术的一种，通过无线射频方式进行非接触双向数据通信，利用无线射频方式对记录媒体（电子标签或射频卡）进行读写，从而达到识别目标和数据交换的目的，其被认为是 21 世纪最具发展潜力的信息技术之一。我国是农业大国，畜牧业产品在国民生活中占据了重要的位置，随着 RFID 技术的发展，无论是在现在还是未来，应用愈加广泛。RFID 技术通过采集养殖全流程信息，并与其他设备和技术协同应用，包括 5G、AI 和大数据等，将养殖业向信息化、数字化方向发展；而在畜牧产品流通环节，也可实现产品信息溯源，保证食品安全。

1. 基于 RFID 技术的畜牧管理系统，有着以下优势

① 采用的是感应式数据采集，即只需将采集器在巡检点耳标附近轻轻一晃，即可读出当前信息，操作简单便捷。

② 耳标无需布线，安装简易，编码的设置以及巡检点的增减也都简单方便。

③ 系统标签具有唯一的 ID 码，经久耐用，信息不可篡改或复制。

④ 对每只牲畜进行智能跟踪管理，在发生疫情的第一时间可追踪到病源畜，以做到及时防控，追根溯源，把牲畜的损失降低到最低。

⑤ 信息化管理透明化、及时化，各层管理者都可通过网络简单管理、快捷地查询到各种饲养信息。

2. RFID 技术畜牧场管理

现代化畜牧场管理一般出现在各大养殖场，牲畜从出生起就带上 RFID 耳标，通过 RFID 耳标阅读器，读取信息反馈到 RFID 系统。通过使用 RFID 技术，大大提高了该系统对动物的识别与跟踪能力，并适用于各种饲养场的动物，无论是集中饲养还是分散饲养，或者是其它饲养场合，都有了一些尝试，为畜牧场提供了科学

化、自动化的管理。

从传统的畜牧场管理，到 RFID 技术管理，体现了技术改变养殖状态的过程。传统畜牧场管理，无法及时了解动物的疫情情况，导致了牲畜大量病亡，造成巨大损失，同时人工喂养耗费了大量的人力物力，无法时刻掌握畜牧场的情况，及时进行养殖调整，造成了耗损。在最近几年 RFID 技术引进养殖场管理之后，逐渐解决了这些问题，及时了解动物的种类、疫情、数量，提高了管理效率，增强了动物的存活率，逐步受到了养殖场的重视。RFID 技术也在不断完善，有可能完全取代畜牧场传统的管理手段。

3. RFID 动物耳标识读器

RFID 技术下，RFID 动物耳标、RFID 动物耳标识读器逐步被各大养殖场所使用。RFID 技术也在不断加强，成了养殖场的管理手段之一，逐步深入到了称重台、挤奶台、门禁、自动饲喂站等自动化设备上，及动物追踪管理，带给了畜牧场全新的体验。

4. RFID 动物标签

对于用 RFID 技术管理畜牧场来说，RFID 耳标及其阅读器与畜牧场自动化管理联系最为紧密，已成为畜牧场管理的焦点，受到了畜牧场管理者的重视，逐渐覆盖在牲畜管理中。

5. RFID 技术展望

在畜牧场管理中，结合 RFID 技术，以 RFID 标签为载体，以计算机网络技术为手段，通过标识编码、标识佩戴、身份识别、信息录入与传输、数据分析和查询，实现牲畜从出生、屠宰到消费每个环节的一体化全程监控，使动物养殖、防疫、检疫、监督有机结合，这样不仅可以达到对动物疫情的快速、准确溯源，而且强化了畜禽产品"从农场到餐桌"的全程管理，从而实现畜牧业管理的科学化、制度化，并提高了管理水平。所以，RFID 技术在畜牧场管理中的应用有很大前景，不久的将来会全面覆盖畜牧行业。

二、基于视频的动物个体行为识别

随着高清摄像头、计步器和红外体温检测仪等物联网设备在畜牧养殖中的广泛应用，使得信息化装备与技术记录动物日常行为成为规模化养殖中最常用的方法。动物行为识别依据感知方式不同，可分为接触式佩戴传感器方式与基于视觉的视频感知方式两大类。接触式传感器方式是将各类传感器佩戴在动物身上，而养殖环境的复杂性或动物活动习性对设备具有一定破坏性，造成设备损坏，影响数据实时监测，且设备对动物心理和行为造成影响，不利于其正常行为活动，损害动物福利；视频感知方式通过监控摄像头自动采集动物视频数据传输到 PC 端实时分析，不需与动物身体密切接触，被越来越多地应用于动物识别中。常用的视频感知方式仍依靠人工观察，当监控视频数据量增加，从海量视频关键帧内搜索有价值信息，需要从头到尾顺序播放，要数倍于原始视频的时间才能完成，且观察者主观描述缺乏客观的定量指标。人工智能技术在视频分析中的普及与应用，使得利用视频检测、图像处理技术，挖掘动物躺卧、站立、行走、奔跑、跳跃等典型行为特征，实现对养殖过程中的重点健康生理行为及异常病理行为自动识别成为可能，对动物健康状况、异常行为及时预警，为规模化精准养殖提供技术支撑。

1. 国内外现状分析

在基于视频的动物行为识别方面，国外研究起步较早且已经取得较多进展。Porto 等对奶牛在食槽前的站立和进食俯视全景图像分析，有效识别摄食和站立行为。Viazzi 等利用 2D 和 3D 摄像系统提取行走奶牛背部姿态特征，实现奶牛蹄病行为的实时监测，但由于 2D 摄像系统采集的图像受到阴影与背景变化影响导致图像分割困难。为了克服这些问题，Viazzi 等提出了一种利用俯视视角立体相机提取奶牛背部姿态新方法，提高了蹄病识别准确率。Cangar 等分析了奶牛临产前体态和位置变化的视频监控图像，对奶牛站立、卧倒、饮水、采食等行为识别分类，平均识别率为 85%。Tsai 等通过视频图像分析自动地检测识别母牛的发情和交配行为，视频帧的负样本错检率只有 0.33%。Bruyere 等开发了一种基于视频的奶牛发情检测系统，该系统使用"相机-图标法"，识别率能达到 80%，但需要人工对图像牛只的状态进行判断并决定是否为"图标"，是一种非自动的检测方案。Nasirahmadi 等利用图像处理和 Delaunay 三角剖分方法，高精度、自动化地检测由猪舍温度变化导致的围栏内猪群躺卧姿势和位置的改变。

国内在利用计算机视觉技术识别动物行为方面虽然起步较晚，但也取得了很多成果。刘东等从国内外视角分析精准畜牧业中动物信息感知与行为检测的研究现状，预测未来动物信息智能感知与行为检测将向着无接触、高自动化和高精度的方向发展；温长吉等提出了一种改进的时空局部二值模式作为特征描述，构建视觉词典，统计产前行走、侧卧和回望所发生的频次，实现对视频中母牛发情行为的识别；赵凯旋等采用光流法计算奶牛监控视频图像帧中各像素点的运动速度场，实现了奶牛呼吸状态的自动化、智能化检测；纪滨等计算脊腹线起伏频次与人工计算频次的相关性，捕获猪脊腹线轮廓，实现对呼吸急促症病猪的自动预警；刘龙申等分析了母猪分娩视频的图像特征，提出了通过半圆匹配算法对母猪目标进行分割，实时、准确地检测母猪的分娩行为，避免饲养人员由于连续观察而负担繁重、工作效率低或因疏忽造成猪仔死亡等问题；刘冬等采用混合高斯模型对实时移动的奶牛目标进行了检测，取得了较好的检测结果。国内人工智能与深度学习技术正飞快发展，使得规模化养殖场中的全方位监控视频数据可以得到更加充分的利用。利用视频数据智能分析技术，从视频序列中实时提取动物异常行为，必将成为可能，最终为动物疫病防控与健康养殖提供支撑。

2.动物行为视频分析主要流程

（1）基于样本学习的动物行为特征表达 行为特征表达是动物目标检测和行为识别的基础，只有了解动物与周围环境关系，以及动物内部个体之间的相互关系才能更有效、更有价值地研究动物目标检测、行为识别和行为理解。在对动物行为视频分析前，需要对不同行为的样本视频数据预处理，首先在判断当前运动目标是否为被识别特征对象前，对不同角度、不同光照、不同位置的动物表征行为关键帧进行学习，抽取异常行为与事件语义模型。在构建异常行为模型前，利用背景建模或跟踪等技术提取运动目标的空间位置或轮廓等信息，然后对图像序列感兴趣区域编码实现对运动行为的描述，获得运动目标轮廓、光流、梯度边缘等全局特征；同时以图像或视频局部块为基本单元，采用密集采样与时空兴趣点结合方法，通过视频块熵值最大化确定感兴趣区域位置与尺度，实现动物关节、肢体等运动细节精确定位。对典型动物行为的全局特征与局部特征的样本数据进行深度学习，构建动物典型肢体行为视图特征模型；建立不同行为特征与动物健康、繁殖、异常行为的动态映射关系，实现动物运动目标识别与跟踪。

（2）多尺度多视角动物运动目标对象检测与识别 动物运动目标对象检测分为运动目标定位、分割与高级语义行为检测两部分。首先对动物的位置、所占区域、体态方向等进行确认，定位、分割并对其行动轨迹进行跟踪之后，对动物的个体及群体行为进行识别和进一步分析。

① 运动目标定位与分割。由于动物本身形态特征、体纹、斑块及视角不同，监控视频采集出的画面具有污点、阴影、遮挡等影响，画面的质量并不高，这对视频目标检测分析提出了很大的挑战。图像熵能够描述某一图像灰度分布的聚集特性，但不能反映相应的灰度分布空间特征，故可将聚类算法与熵结合，从在特征空间

内对像素进行聚类的角度，设定阈值 $T1$、$T2$、$T3$，将图像分为目标对象 O、天空 S、地面 G 背景 3 个区域，按照相似度量对图像欧式空间内的特征向量进行聚类，得到 XO、XS、XG 共 3 个子集。设定最佳阈值，在截取到的视频关键帧中分割出动物目标对象。

② 高级语义行为检测。基于视频的动物目标识别中，前景物体分割问题是识别视频每一帧中属于前景的像素，其最大的挑战在于视频中前景物体在不断运动，同时物体的表观及形状不断发生变化。因此需要融合深度神经网络与条件随机场方法，对动物行为监控视频关键帧进行像素级的标注，并在视频序列的时空图基础上，定义马尔科夫随机场与单变量势函数，利用深度神经网络方法提取运动检测子，结合轨迹分析检测子，对其分布区域进行长时分析，实对现动物运动行为的检测。

③ 基于深度学习的动物行为识别。监控视频分析的行为特征，能够在实时感知数据出现误差时，以可视化效果，准确捕获动物异常行为。为避免低层视觉特征与类标签之间的语义鸿沟、高维低层特征对动物行为分析产生的计算代价，以及海量标签训练视频样本数据的缺乏，采用有监督模型中的视频表达与概率图方法，学习具有区分不同动物行为的视频类相关隐性特征，构建动物发情、打斗、跛行等几种典型异常行为视图特征模块。

通过卷积层和下采样层组合，交替对输入视频数据的时间维度和空间维度图像进行卷积，在卷积过程中的特征图与多个连续帧中的数据进行连接，抽取动物异常行为视图特征，其中第一层包括灰度数据，x、y 方向梯度，x、y 方向光流等构成的卷积核，还包括 3 个卷积层、2 个下采样层和 1 个全连接层；对于视频中存在的冗余信息及噪声，采用卷积神经网络结构对其进行重建，提取对动物异常行为有效的特征信息，通过多层神经元处理，对动物原始行为特征向量进行重新表示和描述，得到最终的重建特征向量，输出不同类型的异常行为判断结果，在较少标签训练样本基础上提高了动物行为识别的精度。

3. 技术难点

由于动物养殖过程中目标对象处于一直运动的状态，基于视频的动物行为识别面临诸多挑战，主要体现如下几个方面。

（1）数据集的挑战　为确保动物行为识别模型具有较好的识别性能，需要借助大量经过类别标注的视频数据进行模型的训练。行为特征表达模型学习过程中应确保样本的多样性，而动物样本采集会受到头部移动、身体晃动、行走、尾部摆动等影响，使得获取同类样本共性类别信息难度增大，直接导致数据采集和标注工作的难度。

（2）行为过程、视频行为对象、行为背景多样性　动物行为过程因行为类别或同类行为的不同行为对象，会有不同时长的行为过程。此外，视频数据获取过程中，由于动物行为对象在行为过程中的局部遮挡，以及养殖环境的背景差异、光照条件、成像系统视角差异等因素，导致动物行为样本内有诸多差异。

（3）视频行为特征提取　视频数据相对于二维图像多了一个时间维度，视频数据所包含的动物行为信息，不只是体现为单帧图像中的空间相关性，更是体现为行为过程的时序性，以及帧间的时间相关性。视频行为特征提取不仅表达行为对象的表观信息，还要体现行为过程的时序信息，因此与运动时长、运动对象个体差异等多因素相关的动物行为视频特征的提取算法的鲁棒性是难点之一。

智能视频监控是计算机视觉领域中备受关注的一个应用领域，利用计算机视觉技术对视频信号进行处理、分析和理解，并对视频监控系统进行控制，从而提高视频监控系统智能化水平。但由于动物行为多样且具有不可预知、难以归纳性，而现有异常行为识别方法大多是基于预定义和监督学习的前提下的，因此仅靠视频分析已经无法满足精准的动物行为识别的需求。

随着人工智能技术在畜牧业中的深入发展与应用，未来基于视频的动物识别必将朝着对不可预知性的异常行为深入理解发展。在当前行为识别的基础上，利用深度学习的方法，对影响动物行为的相关信息进行重新组织与构建关联表达模型，不仅能够实现动物行为识别，还能够对未知动物行为进行预测；同时在对动物行为识别过程中，以视频分析为基础，融合动物声音、饲养环境和饲喂量等多因素，构建多因素行为特征模型，提高动物行为的识别率。

三、通过动物的躯干信息做身份识别

1. 识别方法介绍

该方法采集动物直线行走时的侧视视频，用帧间差值法计算动物粗略轮廓，并对其二值图像进行分段跨度分析，定位动物躯干区域，通过二值图像比对跟踪动物躯干目标，得到每帧图像中动物躯干区域图像。将躯干图像灰度化后经插值运算和归一化变换为 48×48 大小的矩阵，作为 4c-2s-6c-2s-30o 结构的卷积神经网络的输入进行个体识别。该方法可实现养殖场中动物个体无接触精确识别，具有适用性强、成本低的特点。

2. 躯干定位

帧间差值法对目标的运动边缘具有优良的检测性能，对动物进行帧间差值处理可得到动物的粗略轮廓，对得到的二值图像进行跨度分析，以剔除外部干扰，并分割出尾巴、头和颈部，最终得到躯干区域。

3. 躯干跟踪

考虑到动物行走过程中躯干无明显的几何变化，只产生平移运动，故采用在后续帧中跟踪躯干的策略，以提高躯干图像提取精度。常用的跟踪方法有粒子滤波跟踪法和 Mean shift 算法，粒子滤波对大目标跟踪耗时长，不适于动物目标的跟踪。试验发现，

Mean shift 算法不能准确跟踪行走中的动物目标，主要原因是基于颜色直方图的 Mean shift 算法对于颜色变化敏感，动物躯干主要由白色和黑色组成，而背景中包含了过多的颜色信息，导致 Mean shift 极易跟踪到背景区域。因此，用模板比对法对动物躯干区域进行跟踪，其基本原理是以当前帧躯干区域所在的位置为中心，在下一帧中寻找与躯干区域最接近的图像。

4. 卷积神经网络构建

为减少数据量并保证输入图像的细节信息，将动物躯干图像灰度化后通过插值计算变化为 48×48 的图像，并除以 255 归一化后作为输入数据。采用 2 组卷积和下采样层，由于躯干图像基本不存在扭转、变形等影响，因此减少 2 个卷积层中特征图的数量，以提高网络对图像宏观信息的利用率。下采样时对连接区域求均值得到输出，不使用权重系数和阈值，省略函数转换过程。

本法的优点在于实用性强，具有很大的创新性，但是测试数据本身采集难度比较大，并且数据量还不算多，所以该方法的普适性并不能确保。另外与传统方法的对比有点避重就轻，过于简单，如果能和其他网络结构作对比则更好。

四、肉羊自动识别分类仪器

1. 自动称重分群仪器

由北京国科蓝海科技有限公司生产的 AI 人工智能的自动称重分群仪器，基于物联网平台数据管理平台，对羊只体尺体重体况进行全面综合评估。全自动羊只智能处理平台方便易用，智能 3D 视觉扫描处理评估羊体尺体况，采集记录每只羊的 360°照片，对每头羊体重进行精准管理。仪器通道没有方向性，两侧均可进出，通道宽度可调节，配备超大尺寸低频耳标读取天线，羊只通过时可完成称重和动态扫描，高效快捷，节省人力，体型小，可嵌入羊只日常管理通道使用（图 5-6）。

图 5-6　自动称重分群仪器

2. 自动称重分群管理系统

由北京国科蓝海科技有限公司研究的 AI 人工智能的自动称重分群管理系统，在硬件上以智能分栏秤为核心，采集活羊体重数据，通过三防平板电脑工作站现场协同控制分栏秤，收集数据，上传到服务器，并进行数据的存储以及分析处理（图 5-7）。

图 5-7　自动称重分群管理系统

3. 自动称重分栏系统

由志远升科生产的自动称重分栏系统，可以自动采集羊只体重，称重精度高、分群速度快，根据体重自动分群。本系统自动化程度高，开关门通过气动控制；数据采集、上传自动完成，无需人员干预。该系统特点为单体称重速度为5～8秒/只；体重动态精度千分之一；配备3通道分群。参数：型号WL-YF-18；外观尺寸长2.3米×宽0.6米×高1.25米；整机重量145千克（图5-8）。

图 5-8　自动称重分栏系统

4. 体尺自动测定系统

由志远升科生产的体尺自动测定系统（图5-9），可自动测量羊只体重、电子耳号、体高、体斜长、胸围数据，监控个体的增重、体尺增长等。系统具备智能纠错能力，可为育种、生产提供精准数

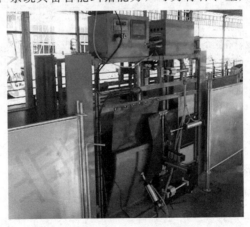

图 5-9　体尺自动测定系统

据。该系统特点为单体测定速度为 20～25 秒/只；体重动态精度可达千分之一；体尺动态精度正负 2 厘米。参数：型号为 WL-CD-Y18；外观尺寸长 2.5 米×宽 0.9 米×高 1.5 米；整机重量 230 千克；电源 24 伏。温度：工作于－10～60℃；湿度小于 90%，不结露。

5. 生长性能测定系统

由志远升科生产的生长性能测定系统（图 5-10），可自动采集个体电子耳标、采食量、体重量。可计算个体日增重、日采食量、日料肉比。为种羊选育、饲料配方测定提供精准数据。该系统特点为料耗动态精度为±5 克、体重动态精度可达千分之一、自动投加全混合日粮。参数：型号 WL-CD-Y03；外观尺寸安装面积 2.3 平方米；整机重量 235 千克。

图 5-10　生长性能测定系统

6. 奥群肉羊智能体尺测量系统

由天津奥群牧业生产的奥群肉羊智能体尺测量系统见图 5-11。根据性能测定是育种工作的基础，而传统体尺测量使用专用量具对肉羊各部位进行度量，是研究外貌、测量体重和生产能力的一种手段。为了提高体尺测量的效率，奥群羊业研究院开发了一款智能体尺测量系统。在育种工作中，体尺测量是一项既繁琐又费力的工作。羊不配合，测量不精准，会给测量工作造成很大的麻烦。智能体尺测量系统的出现将会很大程度上解决这一问题。智能体尺测量系统是一个动物视频图像处理和分析系统。

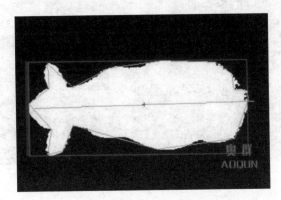

图 5-11　智能体尺测量系统

首先，系统通过对实时拍摄视频中的每一帧进行图像处理，把羊分割出来（图 5-12）。

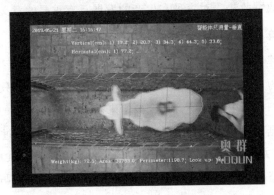

图 5-12　智能体尺测量处理图

然后，根据羊的姿势、动作与体形等特征（如体高、体斜长、胸深、腹深、胸宽、腹宽、臀宽等）进行分析，测量出图形上的线段长度。最后，通过数学模型，把测量的线段长度转换成实际的长度（图5-13）。

图5-13　智能体尺测量图

智能测体尺系统精准程度高达95％左右；效率高，可实现每小时百只羊的数据获取；成本低，数据稳定性高，投入到育种生产中可以极大地减少人力，缩短工作时间。大量投入生产实践中将推动育种基础收据收集，对育种和生产的发展具有重要的意义。

7. 肉羊活体CT测定系统

由天津奥群牧业有限公司生产的肉羊生产性能测定中心的CT测定舍，为一台硕大的CT设备（图5-14）。过去这种只用在人类医疗健康扫描当中的设备，如今被用来高通量测定肉羊的产肉性状的相关数据。研发的肉羊活体CT测定系统，可以通过活体肉羊CT扫描的方式获得肉羊胴体中脂肪、肌肉和骨骼的重量，脂肪、肌肉和骨骼在胴体中的百分比，活体重量，胴体中肌肉与骨骼和肌肉与脂肪的比例。与屠宰后人工测定的传统方法相比，高通量的信息化、智能化测定大大提升了工作效率。

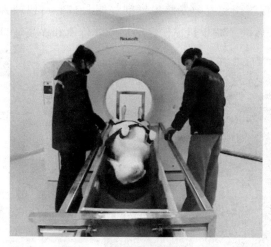

图 5-14　肉羊活体 CT 测定系统

第三节　肉羊个性化精准饲喂技术

一、应用 AI 人工智能研发先进技术

1. 近红外饲料分析仪

由北京国科蓝海科技有限公司生产的 AI 人工智能的近红外饲料分析仪（图 5-15），可以快速测出饲料中的不同成分：水分、淀粉、粗蛋白、粗脂肪等。可实时监控。

2. 秸秆处理仪器

由北京国科蓝海科技有限公司生产的 AI 人工智能的秸秆处理仪器（图 5-16），配有除尘系统，特殊设计的结构保证设备高能低耗，并配有物位传感器。粉碎仓和粉碎滚筒均具有反转功能，以节省停机更换刀片的时间，每个粉碎滚筒前面装有集石器。以及

TMR防霉保鲜剂和青贮发酵保鲜剂（图5-17）可以快速抑制霉菌生长和减少腐败，减少热损伤，增加营养价值和提高适口性。

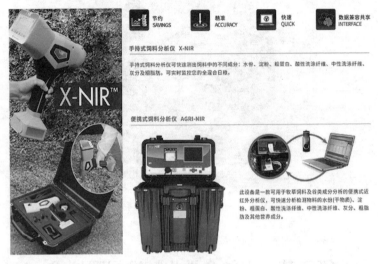

图5-15 近红外饲料分析仪

图5-16 秸秆处理设备

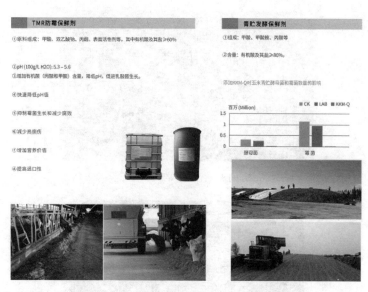

图 5-17　TMR 防腐保鲜剂和青贮发酵保鲜剂

3. 智能精准饲喂中心

由北京国科蓝海科技有限公司生产的 AI 人工智能的智能精准饲喂中心（图 5-18、图 5-19），具有控制方式精准化、三大配方统一化、羊只吸收个体化、库存管理透明化、人力投入精英化、操作流程最优化的特点。可以把粗饲料精度控制在 1％以内，精饲料控制在 0.5％以内。装料量精准度高，减少了原料过量装载及运输中的浪费，从而节省了高达 2％的原料。

4. 羊床垫料自动投放机器人

由北京国科蓝海科技有限公司生产的 AI 人工智能的羊床垫料自动投放机器人见图 5-20。羊床垫料自动投放机器人是采用自动投放系统代替牧场人工使用喷撒机或铲车投料的自动化设备，按照预设在羊床上方的运动轨迹进行投放，在垫料投放的过程中，不影响羊只的休息，减少应激和人工的劳动强度。

图 5-18 智能精准饲喂中心

图 5-19 智能精准饲喂设备

图 5-20 羊床垫料自动投放机器人

5. TMR 自动投料机器人

TMR 自动投料机器人是以自动控制的 TMR 饲料制备机为主体，通过称量、切割、混合后，沿着预设的导轨进行输送投喂饲料，同时具有及时清理剩料的功能，保证羊只采食到的 TMR 饲料每一次都是新鲜的，取代原有的人工操作 TMR 饲料制备机，减少工人的操作强度，具有定时、定量饲喂的特点。智能自动控制，实现投料流程完全自动化，保证纤维饲料的预切效果，减少噪声和对羊只的干扰，增加羊只的环境舒适度，自动识别群组。可按群组的不同制作不同的饲料，青贮块或成捆草垛可以自动使用预切系统。

TMR 精准饲喂系统优点：实时监控配料、搅拌和撒料执行情况，降低人为误差；使饲喂更精准，每头牲畜营养均衡；结合饲料管理，核算饲料成本和产奶比；适用于多品牌 TMR 搅拌车。

6. 羊羔饲喂机器人

由北京国科蓝海科技有限公司生产的 AI 人工智能羊羔饲喂机器人（图 5-21、图 5-22），能够自动识别耳标或项圈，自动饲喂，自然哺乳，减少异物性肺炎的比例，减少死淘率 5%，自动分配合适的间隔时间，有利于消化。自动记载喝奶的时间、速度、奶量。自动清洗，减少 25% 腹泻发病率、3% 的死淘率。

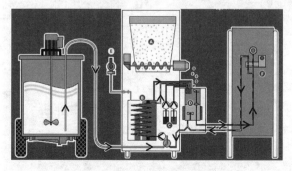

图 5-21　羊羔饲喂机器人示意图

图 5-22　羊羔饲喂机器人

二、羊场自动饲喂系统

1. 自动地面带式饲喂系统

由京鹏环宇畜牧推出的全自动地面带式饲喂系统见图 5-23。对于规模羊场来说，羊群日粮的合理配制、羊群采食条件、羊群健康管理，都是保证羊场发展的重要因素。羊群必须在舒适的环境中采食，而且饲料的投放必须快速、均匀。京鹏环宇畜牧建造的全自动

图 5-23　传送带式自动饲喂系统

地面带式饲喂系统，占地面积小，适合所有羊场使用。饲喂站可以设置在设备的左侧或右侧，传送带将会把饲料传送到羊料槽完成饲喂。可以根据需求设置饲料传送带投放饲料的速度，羊群采食舒适，并且工作人员可以在羊群采食时很容易地固定羊只，完成接种疫苗或标记的工作。

该设备参数：热镀锌钢结构，带镀锌或不锈钢颈枷和侧板；每只羊可以被单独固定；输送距离 16～100 米。电视规格：50/60 赫兹，2.2 千瓦，380 伏；每米可以饲喂 6 只羊，占地面积小，安装方便，适用性强；传送带为 620 毫米宽的 PCV 材料；传送带系统自动化运行，可以通过交流器调节饲喂带速度，带安全停止开关接触器。

2. 传送带式自动饲喂系统

由京鹏环宇畜牧推出的传送带式自动饲喂系统是在固定的装置中进行青贮料的搅拌，通过传送带和滑动犁装置的配合，将搅拌好的饲料由舍外的搅拌装置直接传送并均匀撒到饲槽中。传送带装置用于在填料装置、搅拌装置和饲喂系统之间传输饲料，可以自动控制也可以手动控制，并且配有特殊的传感器，可以测量传送带上输送的饲料重量。在饲料管理控制系统的帮助下，一般牧场 3 人即可完成整个饲喂工作，且使用电力驱动，这些显著节省了建筑、运营和人力成本。

3. 机器人智能饲喂

前面两种饲喂方式更适合规模化大型羊场，对于几百至几千头羊的中小型羊场而言，机器人智能饲喂则是性价比更高的明智选择。机器人智能饲喂系统的优点：能实现全自动智能饲喂，减少人力成本；饲喂机器人内部结构更为精密，配方可以更多元化和精细化，甚至可以根据需要为单独的羊只专门配制饲料；机器人智能饲喂系统占地面积小，使用方便灵活，适用于各阶段羊群。

三、羊用撒料试验台

通过三维软件对试验台进行建模、理论分析以及仿真软件虚拟仿真分析，对绘制的零部件进行加工、装配，最终制作出羊用撒料试验台（图5-24）。该撒料试验台主要由机械系统和电控系统两部分组成。机械系统主要包含料箱、机架、刮板输送机装置、挡料辊装置、带式输送机装置等部分。电控系统主要由电机、变频器、控制启动调速开关及其电气箱等组成。

图 5-24 羊用撒料试验台

根据国内肉羊养殖现状和发展趋势，结合国内外具有撒料作用的饲喂机械现状，基于我国肉羊的养殖模式及肉羊食用混合物料的特性，制作了羊用撒料试验台。试验台关键输送机构为刮板输送机装置、投料搅龙装置、挡料辊装置、带式输送机装置。试验台料箱容积为5立方米，料箱箱体壁面底侧与水平面夹角为70°；物料整体流动路径为由料箱内部到料箱尾部，再到搅龙内部，再到搅龙外部；粒子在料箱内运动相对缓慢且速度小于0.06米/秒，在投料搅龙处开始加速运动，粒子脱离搅龙时速度最大可以达到1.5米/秒。

挡料辊在撒料开始一段时间起到了阻挡物料整体平移的作用。试验台控制测试系统选用 PC 机作为上位机、三菱 PLC 作为下位机，下位机 PLC 通过控制变频器对关键机构转速进行变频调速。试验台的控制界面是基于 windows XP 系统利用虚拟仪器软件开发工具 lab windows/CVI 开发的，可同步控制变频器及其试验参数，实时显示各个关键机构的转速和料箱内质量变化。

四、自动饲料转化效率测定仪

天津奥群牧业有限公司生产的饲料转化效率测定设备可以跟踪和收集羊只的进食数据。对于一只优秀的肉用种羊来说，最重要的一项指标就是吃进去多少饲料，能够转化成多少肉，这就是饲料转化效率。为了更好地收集这些数据，天津奥群牧业有限公司与新西兰皇家农业科学院联合开发了饲料转化率测试设备（图 5-25），确保羊吃到的每一口饲料都会被精准记录下来形成数据。这套设备依托物联网技术和智能技术既可以均匀地传送混合饲料，有效避免羊在进食过程中"挑食"，同时还可以对羊进行身份识别，避免不必要的系统误差，只要羊只进入到这套设备当中，就可以在中控室实时监控其体重变化和饲料减少情况。

图 5-25　自动饲料转化效率测定仪

第四节　肉羊疫病智能诊断技术

从动物养殖管理上来说，动物的疫情管理非常重要，例如：非洲猪瘟事件，对于很多养殖场来说，无疑是一场损失性的事件，对于国家来说，与国民经济发展、国民健康状况都息息相关。树立新的发展理念、确立新的发展思路来指导畜牧业发展是大势所趋。向技术、规模和管理要利润现已成为畜牧业生产的新特点。

目前国际科研团队针对疫病诊断技术的研究，主要集中在研发不同类型的诊断技术来满足各种检测需要，如高通量检测技术、高灵敏度和高特异性检测技术及病原体亚型检测技术。病毒性传染病诊断方面，加拿大研究团队开发出手持式 Two3 核酸检测系统，能够实现多种类型样品的羊口蹄疫病毒 6 种血清亚型的现场快速诊断。细菌性传染病诊断方面，基于荧光偏振原理开发的羊布鲁氏菌诊断方法，能够满足在室外对血清样本进行快速检测的需要。寄生虫病诊断方面，针对绵羊肝片吸虫 CatL1D 重组蛋白研发的胶体金免疫层析技术，对绵羊肝片吸虫病的诊断灵敏性和特异性分别达到 100％和 96.67％。

一、基于 HSMC-SVM 的肉羊疾病诊断专家系统

HSMC-SVM 即超球体多类支持向量机，传统的基于规则推理的疾病诊断方法，通常是用演绎推理来实现的。演绎推理是智能系统中的一种重要推理方式，目前大多数智能系统中，大都采用演绎推理方式实现推理过程。虽然这些诊断专家系统的准确率比较高，但其过分依赖规则去推理，也决定了其有不可避免的缺点：在推理过程中，推理的条件必须精确匹配，不能有任何的模糊性；不具备

自学习能力和预测能力，这样就导致专家系统在运行过程中不能自我完善，有时在已知信息中带有干扰信息时，缺乏有效的处理措施。由于疾病种类繁多，遇到急症或者瘟疫时，其训练诊断速度又较慢，不能及时采取措施给予相应的治疗。因此有必要提出一种新的肉羊疾病诊断模型去代替传统的基于规则推理的疾病诊断模型，并且要求这种模型的训练速度快。疾病诊断系统的主要方法是：给定一组疾病症状信息，要判断哪种或哪几种疾病具有这些症状，从而得出患病种类。

基于 HSMC-SVM 的肉羊疾病诊断模型通过对已有疾病信息的训练将疾病症状知识隐式地表现在高维特征空间中的最优分类超球体，从中得到样本中隐含的规律性，即计算未知样本到各超球体球心的距离，并利用这些规律来进行疾病诊断。

通过对肉羊疾病种类、疾病症状、疾病诊断过程进行仔细的分析研究后，设计了一种基于超球体多类支持向量机的肉羊疾病诊断模型，该模型对病羊诊断的主要步骤是：对肉羊疾病症状信息进行数字化处理；对数字化信息进行预处理，使之作为特征值向量进行输入；判断模型当前的状态，如果是训练状态进入训练模块，否则进入分类模块；若训练完成，则由 SMC-SVM 分类器将训练后的数据存入知识库，供诊断部分用；HSMC-SVM 分类器根据知识库对未分类的样本数据进行决策分类；根据分类结果得出诊断结论及其相关信息。

根据以上对肉羊疾病诊断的步骤，得出基于 HSMC-SVM 的肉羊疾病诊断过程，可以看出，基于 HSMC-SVM 的肉羊疾病诊断模型主要包括数据预处理模块、HSMC-SVM 训练模块、HSMC-SVM 分类模块三部分。数据预处理模块对用户观察到的输入计算机的疾病症状信息进行数字化和预处理，得到符合 HSMC-SVM 所要求的向量输入形式；HSMC-SVM 训练模块将从原始数据中产生的训练样本的属性值进行量化，然后用径向基核函数（Radial Basis

Function，RBF）将训练集映射到一个高维空间，HSMC-SVM 在
这个空间中为每一类肉羊疾病寻找一个有着最小半径的超球体；
HSMC-SVM 分类模块将待分类的样本数据利用已经训练好的知识
向量库进行分类，在决策分类阶段计算未知样本到每个超球体球心
的距离，离哪个最近即属于哪个超球体，也就是说，此未知样本属
于该超球体所属的疾病类别。

从肉羊疾病辅助诊断和疾病种类繁多的角度，提出了一种基于
超球体支持向量机的肉羊疾病辅助诊断模型。超球体支持向量机作
为一种直接型多类分类器，具有较快的训练速度和较强的泛化推广
能力。将 SMO 训练算法应用在基于 HSMC-SVM 的肉羊疾病诊断
时有以下几个优势：①节省时间，往往不需进行耗费时间的实验室
化验，疾病可以得到及时诊断与治疗；②可靠性较好，学习能力
强，对兽医来说具有重要的参考价值；③训练速度快，及时采取相
应的治疗措施，可以预防肉羊瘟疫的大规模蔓延。

二、数字化兽医检测平台

由中科基因设计的数字化兽医检测平台（图 5-26～图 5-30），
通过具有健康状态监测功能的智能传感器等监测羊只的生理指标、
生产性能、营养代谢、寄生虫、重大疫病等，从而判断羊只的健康
状态。还可以远程现场诊断，有专门的兽医团队和实验室做支撑，
并且会自动根据监测项目结果做出该羊只的健康评价，辅助管理者
对羊只是否需要接受诊治还是淘汰做出决策。

三、智能化牧场

由北京挺好农牧科技有限公司建设的智能化牧场见图 5-31，其
优势为可以精准地预防和管理疾病，用技术来弥补不懂医学的缺
陷。高效的智能化代替人工的繁琐，解放双手，解放人工，把人力

更好地用在创新创造上。

　　人工智能诊断 AI＋AR 在线智能诊断羊病，快速扫描，一分钟诊断、中英双语、图文并茂，提供全方位的治疗和改善方案。可以24 小时随时随地对话机器人兽医，全方位咨询合理、专业的管理、养殖建议，可以精准地预防和管理疾病，用技术来弥补不懂医学的缺陷。

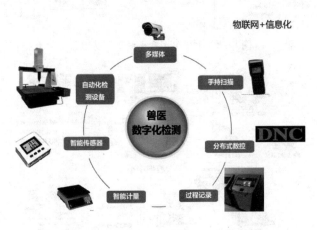

图 5-26　兽医数字化检测

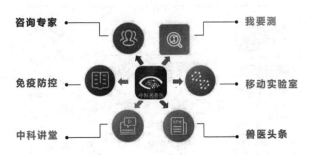

图 5-27　中科名兽医 APP

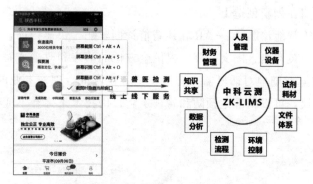

图 5-28　中科兽医线上线下服务系统

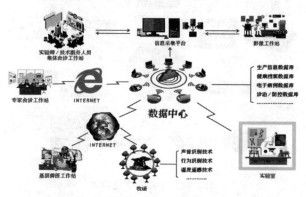

图 5-29　中科兽医数据中心

图 5-30　中科基因数字化兽医平台

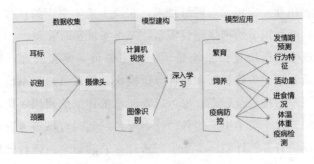

图 5-31　智能化牧场

第五节　肉羊智能化管理技术

一、集约化肉羊生产场计算机信息管理系统

集约化肉羊生产场计算机信息管理系统是在对肉羊的繁育管理、饲料营养、疾病诊断和药品的使用管理进行了细致分析的基础上完成设计，建立了科学完整的管理模块（系统管理、专家咨询、繁育管理、饲料管理、药品管理、疾病诊断、统计分析和重新登陆8个模块），保证了该系统在集约化肉羊生产场的实用性特点；采用了最先进的应用软件开发技术，根据集约化肉羊生产场业务流程和现代企业管理需要编写。系统体现了计算机用于集约化肉羊生产场的突出特点：迅速、准确、可靠、具有强大的存储能力，使生产的组织和管理更为科学合理，使生产走上科学化、规范化。

该系统研制过程中，对集约化肉羊生产场的各种生产性能指标进行了重新定义，既满足了该系统运行的需要，又使肉羊生产场的管理更为科学，对于指导肉羊养殖企业实现高效管理具有重要价值。应用数据挖掘技术，设置预警模块，在同类产品中尚属首次，它可以即时进行多项肉羊生产性能指标的动态分析与处理，提高了系统的实用性。应用动态网络技术，实现了肉羊生产的在线互动远程管理，既可以节约网络建设资金，又可实现实时管理。

系统主要模块包括系统管理、专家咨询、繁育管理、饲料管理、药品管理、疾病诊断和统计分析模块。管理员通过系统管理模块进行用户的授权及管理，也可以查阅系统详细的使用手册；专家咨询模块包含了肉羊生产的各种技术资料，随时可供参考查询；繁育管理模块有各种计划、羊场生产繁育有关的记录；饲料管理模块包括饲料购销和使用记录，还可以根据生产需要自制饲料配方；药品管理模块包括入库出库记录登记，以备统计分析使用；疾病诊断模块可实现生产场的羊病诊断、治疗记录和常见疾病的查询；统计分析模块是本系统的核心，从日常生产管理模块记录的数据，可自动生成多种报表，对羊场部分指标进行实时对比，对出现的较大变动可及时警示，系统存储详细处理记录，便于管理者查询。

系统的各模块功能完整，流程设计合理，系统数据处理准确，保持了数据的完整性和一致性，在一定范围内实现肉羊生产的信息互通和资源共享；系统支持信息查询和多种统计报表的生成；系统设置具备灵活和可扩充性；系统具有一定的安全防范措施，能较好地保证系统正常运行；系统用户界面友好，操作、维护简便。通过肉羊生产信息管理系统的使用，能最大限度地提高肉羊生产的运行效率和肉羊生产的管理水平，促进经济效益和社会效益的明显提高，有利于提高企业形象。

二、智能羊场管理系统

由北京国科蓝海科技有限公司开发的智能羊场建设系统如图 5-32～图 5-34 所示。

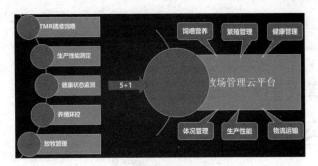

图 5-32　智能羊场管理云平台

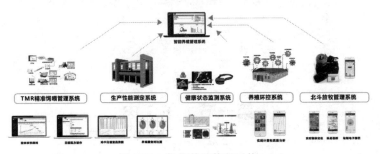

图 5-33　智能养殖管理系统

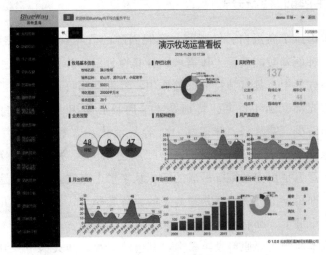

图 5-34　肉羊综合服务平台

第六章
肉羊产品及利用

第一节　羊　肉

一、羊肉的营养特点

　　羊肉属于高蛋白、低脂肪、低胆固醇的营养食品，纤维细嫩，含有多种氨基酸能满足人体需求，且其性甘温，补益脾虚，强壮筋骨，益气补中，具有独特的保健作用，经常食用可以增强体质，使人精力充沛、延年益寿。特别是羔羊肉具有瘦肉多、肌肉纤维细嫩、脂肪少、膻味轻、味美多汁、容易消化和富有保健作用等特点，深受消费者欢迎。我们中华民族的祖先发明的一个字——"羹"，意思是用肉和菜等做成的汤，从字形上来看，还可以这样来解释，即用羔羊肉做的汤是最鲜美的。冬春季节，我国北方几乎所有的大中城市，都有香味扑鼻、味美可口的高档食品——涮羊肉出售。涮羊肉的主要原料是羔羊肉，其色纹美观，到火锅中一涮即刻打卷，味道鲜美，肉质细嫩，为成年羊肉所不及。可见，古往今来，羔羊肉一直受到人们的青睐。在国外，许多国家大羊肉和羔羊肉的产量不断变化，羔羊肉所占的比例增长较快，甚至有不少国家羔羊肉的产量远远超过大羊肉。生产羔羊肉成本低，产品率和劳动生产率也比较高，羔羊肉售价又高，因而经营有利，发展迅速。

当前，许多国家的消费者趋向于取食牛、羊肉，目的是减少动物性脂肪的取食量，以避免人体摄入过多的胆固醇，减少心血管系统疾病的威胁。羊肉中的胆固醇含量在日常食用的若干种肉类中是比较低的。如每 100 克可食瘦肉中的胆固醇含量：羊肉为 60 毫克，牛肉为 58 毫克，猪肉为 81 毫克，鸭肉为 94 毫克，兔肉为 59 毫克，鸡肉为 106 毫克（引自杨月欣主编《中国食物成分表标准版（第 6 版）》）。几种常见肉类的化学组成及产热量比较见表 6-1。

表 6-1　几种常见肉类的化学组成及产热量比较

成分	牛肉	猪肉	羊肉
水/%	55～69	49～58	48～65
蛋白质/%	16.1～19.5	13.5～16.4	12.8～18.6
脂肪/%	11～28	25～37	16～37
钙/(毫克/100 克)	20.0	28.0	45.0
磷/(毫克/100 克)	172.0	124.0	202.0
铁/(毫克/100 克)	12.0	9.0	20.0

由表 6-1 可知，在蛋白质含量方面，羊肉比牛肉低，比猪肉高；在脂肪含量和产热方面超过牛肉而不及猪肉；羊肉含有丰富的钙、磷、铁。

二、肉羊的屠宰

在羊产业中，羊的屠宰与加工工艺具有相当重要的作用，它对于提高羊肉质量、加速羊产业进程等都有着不可替代的作用，尤其是近几年，随着大量现代化屠宰加工设备的引进，以及新技术在屠宰加工领域里的积极应用，我国的屠宰业水平大幅度提高。

（一）屠宰前的准备

1. 宰前检疫

活羊宰前必须进行健康检查，即宰前检疫。检查项目包括观察口、鼻、眼有无过多的分泌物，肛门周围有无粪便污染，行动是否正常，有无厌食、停食、呼吸困难、精神萎靡等现象，测量体温是否正常。患传染病的羊，不能进行商品性屠宰；注射炭疽菌苗的羊，在2周内不得屠宰。只有经过一定的观察期，临床检查健康的羊，才能进行商品性屠宰。

2. 病羊的处理

宰前检出的病羊，应根据疾病性质、病势轻重以及有无隔离条件等进行正确的处理。

（1）**禁宰**　对于经检查确诊为炭疽、羊快疫、羊肠毒血症等恶性传染病的羊只，采取不放血扑杀法。肉尸不得食用，只能工业用或销毁，对同群羊只立即测温，体温正常者在指定地点急宰，并认真检验；不正常者予以隔离观察，确认为非恶性传染病方可屠宰。

（2）**急宰**　确诊为不妨碍食品卫生的一般疾病或一般传染病而有死亡危险的羊只立即进行屠宰。凡疑似或确诊为口蹄疫的羊及同群羊，患布氏杆菌病、乳腺炎或其他传染病及普通病的羊只均须进行急宰，宰后皮张及场地进行彻底消毒。

（3）**缓宰**　确诊为一般传染病并有治愈希望的羊，或疑似传染病患羊而未确诊者应予以缓宰，但应有隔离条件和消毒设备。

3. 宰前管理

（1）为了获得优质耐存的羊肉，所屠羊只宰前应得到充分的休息。

（2）宰前应断食 24 小时，断食期间供给足够的饮水至宰前 3 小时。

（二）屠宰的工艺

羊的屠宰根据饲养规模及屠宰的数量分手工屠宰法和机械屠宰法两种。

1. 击晕

机械屠宰采用电麻将羊击晕，防止因恐怖和痛苦刺激而造成血液剧烈地流集于肌肉内而致使放血不完全，以保证肉的品质。羊的麻电器与猪的手持式麻电器相似，前端形如镰刀状为鼻电极，后端为脑电极。麻电时，手持麻电器将前端扣在羊的鼻唇部，后端按在耳眼之间的延脑区即可。手工屠宰法不进行击晕过程，而是提升吊挂后直接刺杀。

2. 刺杀放血

屠宰时将羊固定在宰羊的槽形凳上，或者固定在距地面 30 厘米的木板或石板上，在农村可用绳子拴住一个前肢和一个后肢，将两边拴在树上。宰羊者左手把住羊嘴唇向后拉直，右手持尖刀，刀刃朝向颈椎沿下颌角附近刺透颈部，刀刃向颈椎剖去，以割断颈动脉，将羊后躯稍稍抬高，并轻压胸腔，使血尽量排尽。

现代化屠宰方法将羊只挂到吊轨上，利用大砍刀在靠近颈前部横刀切断三管（食管、气管和血管），俗称大抹脖，缺点是食管和气管内容物或黏液容易流出，污染肉体和血液。

放血时间不少于 3 分钟。放血充分与否影响羊肉品质和贮藏性。放血完全的屠体在大血管内不存有血液。内脏和肌肉中含血量少，肉色较淡。放血不完全则相反。家畜全身的血量不可能完全放尽，只能放出总血量的 50%～60%，还有 40%左右的血液仍然残留在组织中，其中以内脏器官残留较多，肌肉中残留较少。千克肉中残留 2～9 毫升。在放血良好的情况下，羊的放血量约为胴体重的 3.2%。

3. 剥皮

放血完毕后，应趁羊屠体还有一定的体温立即剥皮，否则尸体冷却后剥皮困难。剥皮分人工剥皮和机械剥皮。

（1）人工剥皮　先将头、蹄割下，去头是从寰枕关节和第一颈椎间切断，去蹄是从前肢至桡骨以下切断，断后肢是从胫骨以下切断。再将腹皮沿正中线剥开及沿四肢内侧将四肢皮剥开，然后用手工或机械将背部皮从尾根、跟部向前扯开与肉体分离。手工剥皮有拳剥法和扯皮法两种。

① 拳剥法：先将头、腿皮用刀割开，然后一手拉紧皮边，一手握拳捶肉，边捶边拉，很快把皮剥完。

② 扯皮法：用铁钩钩住羊上颌，将羊体悬挂在木架上，用刀剥开头部和四肢皮肤，然后将羊皮从头部向下拉至角、耳处至颈、胸，退下前腿皮，再继续拉扯至后躯，退下后腿皮，抽掉尾骨。在扯皮过程中如遇到连肉部位不好剥时，仍可用捶剥法，边捶边扯。此法剥皮十分快速，而且可保持皮张清洁，不受损伤。在剥离皮肤的过程中用拳击法，尽量少用刀剥，以免损伤皮面，皮上尽量不带肌肉。

（2）机械剥皮　在大型羊场和屠宰场，集中成批宰羊，可用专门的剥皮机剥皮，即先行手工预剥后，再用机械剥皮。机械剥皮分立式和卧式两种。

① 立式剥皮操作方法：当羊运行至剥皮机旁时，有操作人员一手用铁链将尾皮套住，另一手将铁环挂在运行的剥皮机挂钩上，

随着剥皮机转动，将羊皮徐徐拽下。

② 卧式剥皮操作方法：当预剥完的羊体运至剥皮机时，将预剥的皮用压皮装置压住，再将套着羊体两前腿的链钩挂在运转的拉链上，拉皮链运转将皮剥下。即在活羊宰杀后，先用手工预剥再送入剥皮机，便可迅速剥下整个皮张。

4. 剖腹摘取内脏

剥皮后将屠体吊挂起来，用吊钩挂在早已固定好的横杆上，剖腹（开膛）摘取内脏。具体方法是用刀割开颈部肌肉分离气管和食管，并将食管打结，以防在剖腹时胃内容物流出。然后用刀从胸骨处经腹中线至胸部切开胴体。左手伸进骨盆腔拉动直肠，右手用刀沿肛门周围一圈环切，并将直肠端打结后顺势取下膀胱。然后取出靠近胸腔的脾脏，找到食管并打结后将胃肠全部取出。再用刀由下而上砍开胸骨，取出心、肝、肺和气管。总之，除肾及肾脂肪外全部内脏出膛，胴体静置 30～40 分钟后称重。

5. 宰后检验与处理

宰后检验指应用兽医病理学、兽医传染病学和寄生虫学的基本理论知识和实验技术对屠宰解体羊的胴体和内脏实施卫生质量检验与评定。

（1）**检验方法** 宰后检验以视检、触检、嗅检和剖检为主，必要时应进行细菌学、血清学、寄生虫学、病理组织学和理化检验。在检验中应实施同步检验，即在屠宰加工过程中，将胴体和头、蹄、内脏等各种脏器的检验，控制在同一个生产进度上实施，便于检验人员发现问题时及时交换情况，进行综合判定与处理。

（2）**检验程序**

① 头部检验。视检头部皮肤、唇、口腔黏膜及齿龈，注意有无患羊痘、口蹄疫、羊传染性脓疱等传染病时出现的痘疮或溃疡；观察眼结膜、咽喉黏膜和血液凝固状态，注意检查有无炭疽及其他

传染病的病变。山羊头部刮毛后应观察有无蠕形螨形成的坏死结节。

② 内脏检验。

胃肠检查：视检胃肠浆膜，剖检肠系膜淋巴结，检查食道，必要时剖检胃肠黏膜。

脾脏检查：视检外表、色泽、大小，触检被膜和实质弹性，必要时剖检脾髓。

肝脏检查：视检外表、色泽、大小，触检被膜和实质弹性，剖检肝门淋巴结，必要时剖检肝实质和胆囊。

肺脏检查：视检外表、色泽、大小，触检弹性，剖检支气管淋巴结和纵隔后淋巴结，必要时剖检肺实质。

心脏检查：视检心包及心外膜，并确定肌僵程度。

肾脏检查：视检外表、色泽、大小，触检弹性，必要时纵向剖检肾实质。

必要时，剖检子宫、睾丸及膀胱。

③ 胴体检验。首先判定其放血是否充分，这是评价肉品卫生质量的一个重要标志。放血不良的特征是肌肉颜色发暗，皮下静脉血滞留，肌肉切面上有暗红色区域，挤压切面有少量血液流出。肉尸的放血程度除与羊只疾病有关外，还与放血方法以及宰前是否过度疲劳直接相关。如为放血方法不当所致，则在下一步工序悬挂时，残留的血液会从肉尸中流出，残留血液流净后肉色也会变得鲜艳。如放血不良是疾病所致，通常肉尸中血液不会流出，由于血红蛋白的浸润扩散，肉中血的颜色会更加明显。视检皮肤、皮下组织、脂肪、肌肉、胸腔、腹腔、关节、筋腱、骨、骨髓及淋巴结。

（3）宰后检验后的处理

① 适于食用：经检验，凡来自非疫区的健康活羊，其胴体和内脏品质良好，符合国家卫生标准，可不受任何限制新鲜出厂或进行分割、冷加工。

② 有条件食用：凡有一般传染病、轻症寄生虫病和病理损伤的胴体和脏器，根据病损性质和程度，经高温或炼食用油等无害化处理，使其传染性消失或寄生虫全部死亡后，即可安全食用。

③ 化制：将不可食用的屠体或其病损组织与器官等，经过干化法或湿化法化制，达到对人、畜无害的处理方法。化制不仅能完全消除废弃物和尸体的毒害，而且能够获得许多有价值的工业用油脂、骨粉、肉粉以及饲料和肥料等。因此，它是处理废弃物和尸体的最好方法。

④ 销毁：对危害特别严重的有传染病、寄生虫病、恶性肿瘤、多发性肿瘤和病腐的羊尸体或胴体与内脏，及其他具严重危害性的废弃物所采取的湿化、焚烧等完全消灭其病原体的处理方法。

经过全面复检，无论胴体和脏器属于上述哪一种情况，都必须在胴体、副产品上加盖与判定结果一致的统一的检验印章，以防止漏检和不合格的肉品出厂或上市。凡符合卫生标准的胴体可以食用，盖"兽医验讫"印章。对病羊的屠体或胴体、内脏以及其他副产品，应根据国家有关标准和规定，按疾病性质不同，盖高温、食用油、化制或销毁印戳，并在动物防疫检验部门监督下，在厂内或指定地点处理。发现疫病后应立即采取防疫措施，彻底消毒，上报疫情。

三、屠宰测定

（1）**胴体重**　指屠宰放血后，剥去毛皮、去头、去内脏及前肢膝关节和后肢跗关节以下部分后，整个躯体（包括肾脏及周围脂肪）静置30分钟后的重量。

（2）**净肉重**　指用温胴体精细剔除骨头后余下的净肉重量。要求在剔后的骨头上附着的肉量及耗损的肉屑量不能超过300克。

（3）**屠宰率**　指胴体重与宰前活重（宰前空腹24小时）的

百分比。

$$屠宰率 = \frac{胴体重}{宰前活重} \times 100\%$$

（4）净肉率 指胴体净肉重占宰前活重的百分比。

$$净肉率 = \frac{净肉重}{宰前活重} \times 100\%$$

（5）胴体净肉率 指胴体净肉重占胴体重的百分比。

$$胴体净肉率 = \frac{胴体净肉重}{胴体重} \times 100\%$$

（6）骨肉比 指胴体骨重与胴体净肉重的百分比。

$$骨肉比 = \frac{骨重}{净肉重} \times 100\%$$

（7）眼肌面积 测量倒数第 1 与第 2 肋骨之间脊椎上眼肌（背最长肌）的横切面积，因为它与产肉量呈高度正相关。测定方法：一般用硫酸绘图纸描绘出眼肌横切面的轮廓，再用求积仪计算出面积。如无求积仪，可用下列公式估测：

眼肌面积(平方厘米)=眼肌高度(厘米)×眼肌宽度(厘米)×0.7

（8） GR 值 指在第 12 与第 13 肋骨之间，距背脊中线 11 厘米处的组织厚度，作为代表胴体脂肪含量的标志。GR 值大小与胴体膘分的关系为：0~5 毫米，胴体膘分 1（很瘦）；6~10 毫米，胴体膘分 2（瘦）；11~15 毫米，胴体膘分 3（中等）；16~20 毫米，胴体膘分 4（肥）；21 毫米以上，胴体膘分 5（极肥）。

四、胴体分级与分割

（一）胴体分级

我国制定的肉羊胴体分级标准分为三大类，每类又分为四个等级（表 6-2），感官指标和理化指标分别见表 6-3 和表 6-4。

表 6-2　肉羊胴体等级及分级标准

项目	大羊肉				羔羊肉				肥羔肉			
	特等级	优等级	良好级	可用级	特等级	优等级	良好级	可用级	特等级	优等级	良好级	可用级
胴体重量/千克	>25	22~25	19~22	16~19	18	15~18	12~15	9~12	>16	13~16	10~13	7~10
肥度	背膘厚度0.8~1.2厘米,肩、腿、背部脂肪丰富,肌肉覆盖肩、腿部肌肉丰富,肩、腿部肉不显露,大理石花纹丰富	背膘厚度0.5~0.8厘米,肩、腿、背部覆盖有脂层肌肉,腿部肌肉略显露,肩、腿部肉略显露,大理石花纹明显	背膘厚度0.3~0.5厘米,肩、腿、背部覆盖有薄脂层肌肉,腿、肩部肉略显露,大理石花纹略显	背膘厚度≤0.3厘米,肩、腿、背部脂肪覆盖少,肌肉、腿、肩部肉显露,无大理石花纹	背膘厚度0.5厘米以上,肩、腿、背部腿、背部脂有肌肉,肩、腿部肉略显露,大理石花纹明细纹明显	背膘厚度0.3~0.5厘米,肩、腿、背部腿部脂有肌肉,腿、肩部肉略显露,大理石花纹显	背膘厚度≤0.3厘米,肩、腿、背部覆盖有薄脂层,腿、肩部肉略显露,大理石花纹略显	背膘厚度≤0.3厘米,肩、腿、背部脂肪覆盖少,肌肉、腿、肩部肉显露,无大理石花纹	眼肌大,理石花纹略显	无大理石花纹	无大理石花纹	无大理石花纹
肋肉厚/毫米	≥14	9~14	4~9	0~4	≥14	9~14	4~9	0~4	≥14	9~14	4~9	0~4
肉脂硬度	脂肪和肌肉较硬实	脂肪和肌肉较硬实	脂肪和肌肉略软	脂肪和肌肉软	脂肪和肌肉较硬实	脂肪和肌肉较硬实	脂肪和肌肉略软	脂肪和肌肉软	脂肪和肌肉硬实	脂肪和肌肉较硬实	脂肪和肌肉略软	脂肪和肌肉软

项目	大羊肉				羔羊肉				肥羔肉			
	特等级	优等级	良好级	可用级	特等级	优等级	良好级	可用级	特等级	优等级	良好级	可用级
肌肉发育程度	全身骨骼不显露，腿部、腰部丰满充实，微有肌肉隆起，背部平，肩部和肩部宽厚充实	全身骨骼不显露，腿部、腰部较丰满充实，微有肌肉隆起，背部和肩部比较宽厚	肩隆部及颈部脊椎骨尖稍突出，腿部欠丰满，无肌肉隆起，背部和肩部稍窄、稍薄	肩隆部及颈部脊椎骨尖稍突出，腿部窄、瘦，有回陷，背部和肩部窄、膀胱薄	全身骨骼不显露，腿部、腰部丰满充实，微有肌肉隆起，背部平，肩部宽厚充实	全身骨骼不显露，腿部、腰部较丰满充实，微有肌肉隆起，背部和肩部比较宽厚	肩隆部及颈部脊椎骨尖稍突出，腿部欠丰满，无肌肉隆起，背部和肩部窄、稍薄	肩隆部及颈部脊椎骨尖稍突出，腿部窄、瘦，有回陷，背部和肩部窄、膀胱薄	全身骨骼不显露，腿部、腰部丰满充实，微有肌肉隆起，背部平，肩部和肩部较宽厚	全身骨骼不显露，腿部、腰部较丰满充实，微有肌肉隆起，背部和肩部比较宽厚	肩隆部及颈部脊椎骨尖稍突出，腿部欠丰满，无肌肉隆起，背部和肩部窄、稍薄	肩隆部及颈部脊椎骨尖稍突出，腿部窄、瘦，有回陷，背部和肩部窄、膀胱薄
生理成熟度	前小腿至少有一个控制关节，折裂，折骨，肋骨宽、平	前小腿至少有一个控制关节，折裂，折骨，肋骨宽、平	前小腿至少有一个控制关节，折裂，折骨，肋骨宽、平	前小腿至少有一个控制关节，折裂，折骨，肋骨宽、平	前小腿折裂，折骨，关节颜色鲜红，肋骨略圆	前小腿可能有控制关节或折裂折骨，肋骨略平、宽	前小腿可能有控制关节或折裂折骨，肋骨略平、宽	前小腿可能有整制关节或折裂折骨，肋骨略平、宽	前小腿关节折裂，折关节湿颜色润，鲜红，肋骨略圆	前小腿关节折裂，折关节湿颜色润，鲜红，骨略圆	前小腿关节折裂，折关节湿润颜色，鲜红，肋骨略圆	前小腿关节折裂，折关节湿润颜色，鲜红，肋骨略圆
肉脂色泽	肌肉深红色，脂肪乳白色	肌肉深红色，脂肪白色	肌肉深红色，脂肪浅黄色	肌肉深红色，脂肪黄色	肌肉红色，脂肪乳白色	肌肉红色，脂肪白色	肌肉红色，脂肪浅黄色	肌肉红色，脂肪黄色	肌肉浅红色，脂肪乳白色	肌肉浅红，脂肪白色	肌肉浅红色，脂肪浅黄色	肌肉浅红色，脂肪黄色

表 6-3　羊肉感官指标

项目	鲜羊肉	冻羊肉(解冻后)
色泽	肌肉有光泽,色鲜红或深红,脂肪呈乳白或淡黄色	肌肉色鲜艳,有光泽,脂肪呈乳白色
黏度	外表微干或有风干膜,不粘手	外表微干或有风干膜,或湿润,不粘手
弹性	指压后的凹陷立即恢复	肌肉结构紧密,有坚实感,肌纤维韧性强
气味	具有鲜羊肉的正常气味	具有羊肉的正常气味
肉汤状态	透明澄清,脂肪团聚于表面,具有特殊香味	透明澄清,脂肪团聚于表面,具有羊肉汤固有的香味或鲜味

表 6-4　羊肉理化指标

项目	鲜羊肉	冻羊肉
挥发性盐基氮/(毫克/100 克)	≤15	≤15
汞(以汞计)/(毫克/千克)	≤0.05	≤0.05

我国鲜羊肉分级标准共 2 个等级,感官指标和理化指标见表 6-5 和表 6-6。

表 6-5　鲜羊肉感官指标

项目	一级鲜度	二级鲜度
色泽	肌肉有光泽,红色均匀,脂肪洁白或淡黄色	肌肉色稍暗,切面尚有光泽,脂肪缺乏光泽
黏度	外表微干或有风干膜,不粘手	外表干燥或粘手,新切面湿润
弹性	指压后的凹陷立即恢复	指压后的凹陷恢复慢,且不能完全恢复
气味	具有鲜羊肉的正常气味	稍有氨味或酸味
肉汤状态	透明澄清,脂肪团聚于表面,具有香味	稍有浑浊,脂肪呈小滴浮于表面,香味差或无香味

表 6-6　鲜羊肉理化指标

项目	鲜羊肉	冻羊肉
挥发性盐基氮/(毫克/100 克)	≤15	≤25
汞/(毫克/千克)	≤0.05	≤0.05

我国冻羊肉分级标准共 2 个等级，感官指标（解冻后）见表 6-7，理化指标与鲜羊肉理化指标相同。

表 6-7　冻羊肉（解冻后）感官指标

项目	一级鲜度	二级鲜度
色泽	肌肉色鲜艳,有光泽,脂肪白色	肉色稍暗,肉与脂肪缺乏光泽,脂肪稍发黄
黏度	外表微干或有风干膜,或湿润,不粘手	外表干燥或轻度粘手,切面湿润粘手
弹性	肌肉结构紧密,有坚实感,肌纤维韧性强	肌肉组织松弛,肌纤维有韧性
气味	具有羊肉的正常气味	稍有氨味或酸味
肉汤状态	透明澄清,脂肪团聚于表面,具有鲜羊肉汤固有的香味和鲜味	稍有浑浊,脂肪呈小滴浮于表面,香味鲜味较差

在国外，一般将羊肉分为大羊肉和羔羊肉两种，前者指周岁以上换过门齿的绵羊肉，后者指生后不满 1 年、完全是乳牙的绵羊肉，其中生后 4～6 月龄屠宰的称肥羔肉。国外对绵羊胴体的分级，不同国家和地区标准也不一样。

1. 大羊肉胴体分级标堆

一级：胴体重 25～30 千克，肉质好，脂肪含量适中，第 6 对肋骨上部棘突上缘的背部脂肪厚度 0.8～1.2 厘米。

二级：胴体重 21～23 千克，背部脂肪厚度 0.5～1.0 厘米。

三级：胴体重 17～19 千克，背部脂肪厚度 0.3～0.8 厘米。

凡不符合三级要求的均列为级外胴体。

2. 羔羊肉胴体分级标准

一级：胴体重 20～22 千克，背部脂肪厚度 0.5～0.8 厘米。

二级，胴体重 17～19 千克，背部脂肪厚度在 0.5 厘米左右。

三级：胴体重 15～17 千克，背部脂肪厚度在 0.3 厘米以上。

凡不符合三级要求的均列为级外胴体。

肉羊健康养殖及产品利用

3. 肥羔肉胴体分级标准

一级：胴体重 17~19 千克，肉质好，脂肪含量适中。

二级：胴体重 15~17 千克，肉质好，脂肪含量适中。

三级：胴体重 13~15 千克，肌肉发育中等，脂肪含量略差。

凡不符合三级要求的均列为级外胴体。

（二）胴体分割

为了实现优质优价，保证羊肉质量均一稳定，提高羊肉品质，根据羊胴体各部位肌肉组织结构特点，结合消费者不同需求，2007年颁布行业标准 NY/T 1564—2007《羊肉分割技术规范》，规范了羊肉分割方法，将羊胴体分割为前 1/4 胴体、羊肋脊排、腰肉等 9 个部分（图 6-1)，该羊肉分割法全国通用，适用于所有的羊肉分割加工。该标准详细规定了 38 种分割羊肉，其中带骨分割羊肉包括躯干、带臀腿、带臀去腱腿等 25 种；去骨分割羊肉包括半胴体肉、躯干肉、剔骨带臀腿等 13 种。

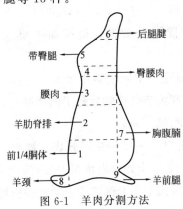

图 6-1　羊肉分割方法

1. 带骨分割羊肉分割方法与命名标准

（1）躯干　主要包括前 1/4 胴体、羊肋脊排及腰肉部分，由半胴体分割而成。分割时经第 6 腰椎到髂骨尖处直切至腹肋肉的腹侧部，切除带臀腿。

修整说明：保留膈、肾和脂肪。

（2）**带臀腿**　主要包括粗米龙、臀肉、膝圆、臀腰肉、后腱子肉、髋骨、荐椎、尾椎、坐骨、股骨和胫骨等，由半胴体分割而成，分割时自半胴体的第 6 腰椎经髋骨尖处直切至腹肋肉的腹侧部，除去躯干。

修整说明：切除里脊头、尾，保留股骨；根据加工要求保留或去除腹肋肉、盆腔脂肪、荐椎和尾椎。

（3）**带臀去腱腿**　主要包括粗米龙、臀肉、膝圆、臀腰肉、髋骨、荐椎、尾椎、坐骨和股骨等，由带臀腿自膝关节处切除腱子肉及胫骨而得。

修整说明：切除里脊头、尾，根据加工要求去除或保留腹肋肉、盆腔脂肪、荐椎。

（4）**去臀腿**　主要包括粗米龙、臀肉、膝圆、后腱子肉、坐骨和股骨、胫骨等，由带臀腿在距离髋关节大约 12 毫米处呈直角切去带骨臀腰肉而得。

修整说明：切除尾及尖端，根据加工要求去除或保留盆腔脂肪。

（5）**去臀去腱腿**　主要包括粗米龙、臀肉、膝圆、坐骨和股骨等，由去臀腿于膝关节处切除后腱子肉和胫骨而得。

修整说明：切除尾。

（6）**带骨臀腰肉**　主要包括臀腰肉、髋骨、荐椎等，由带臀腿于距髋关节大约 12 毫米处以直角切去去臀腿而得。

修整说明：根据加工要求保留或去除盆腔脂肪和腹肋肉。

（7）**去髋带臀腿**　由带臀腿除去髋骨制作而成。

修整说明：切除尾及尖端，根据加工要求去除或保留腹肋肉。

（8）**去髋去腱带股腿**　由去髋带臀腿在膝关节处切除腱子肉及胫骨而成。

修整说明：除去腹肋肉及周围脂肪。

（9）鞍肉 主要包括部分肋骨、胸椎、腰椎及有关肌肉等，由整个胴体于第4或第5或第6或第7肋骨处背侧切至胸腹侧部，切去前1/4胴体，于第6腰椎处经髂骨尖从背侧切至腹脂肪的腹侧部而得。

修整说明：保留肾脂肪、膈，根据加工要求确定肋骨数（6、7、8、9）和腹壁切除线距眼肌的距离。

（10）带骨羊腰脊（双/单） 主要包括腰椎及腰脊肉。在腰荐结合处背侧切除带臀腿，在第1腰椎和第13胸椎之间背侧切除胴体前半部分，除去腰腹肉。

修整说明：除去筋膜、肌腱，根据加工要求将带骨羊腰脊（双）沿第1腰椎直切至第6腰椎，分割成带骨羊腰脊。

（11）羊T骨排（双/单） 由带骨羊腰脊（双/单）沿腰椎结合处直切而成。

（12）腰肉 主要包括部分肋骨、胸椎、腰椎及有关肌肉等，由半胴体于第4或第5或第6或第7肋骨处切去前1/4胴体，于腰荐结合处切至腹肋肉，去后腿而得。

修整说明：根据加工要求确定肋骨数（6、7、8、9）和腹壁切除线距眼肌的距离，保留或除去肾/肾脂肪、膈。

（13）羊肋脊排 主要包括部分肋骨、胸椎及有关肌肉，由腰肉经第4或第5或第6或第7肋骨与第13肋骨之间切割而成。分割时沿第13肋骨与第1腰椎之间的背腰最长肌（眼肌），垂直于腰椎方向切割，除去后端的腰脊肉和腰椎。

修整说明：除去肩胛软骨，根据加工要求确定肋骨数（6、7、8、9）和腹壁切除线距眼肌的距离。

（14）法式羊肋脊排 主要包括部分肋骨、胸椎及有关肌肉，由羊肋脊排修整而成。分割时保留或去除盖肌，除去棘突和椎骨，在距眼肌大约10厘米处平行于椎骨缘切开肋骨，或距眼肌5厘米处（法式）修整肋骨。

修整说明：根据加工要求确定保留或去除盖肌、肋骨数（6、7、8、9）以及距眼肌距离。

（15）**单骨羊排/法式单骨羊排**　主要包括单根肋骨、胸椎及背最长肌，由羊肋脊排分割而成。分割时沿两根肋骨之间，垂直于胸椎方向切割（单骨羊排），在距眼肌大约 10 厘米处修整肋骨（法式）。

修整说明：根据加工要求确定修整部位距眼肌距离。

（16）**前 1/4 胴体**　主要包括颈肉、前腿和部分胸椎、肋骨及背最长肌等，由半胴体在分膈前后，即第 4 或第 5 或第 6 肋骨处以垂直于脊椎方向切割得到的带前腿的部分。

修整说明：分割时前腿应折向颈部，根据加工要求确定肋骨数（4、5、6、13），保留或去除腱子肉、颈肉；也可根据加工要求将前 1/4 胴体切割成羊肩胛肉排。

（17）**方切肩肉**　主要包括部分肩胛骨、肋骨、肱骨、颈椎、胸椎及有关肌肉，由前 1/4 胴体切去颈肉、胸肉和前腱子肉而得。分割时沿前 1/4 胴体第 3 和第 4 颈椎之间的背侧线切去颈肉，然后自第 1 肋骨与胸骨结合处切割至第 4 或第 5 或第 6 肋骨处，除去胸肉和前腱子肉。

修整说明：根据加工要求确定肋骨数（4、5、6）。

（18）**肩肉**　主要包括肩胛骨、肋骨、肱骨、颈椎、胸椎、部分桡尺骨及有关肌肉。由前 1/4 胴体切去颈肉、部分桡尺骨和部分腱子肉而得。分割时沿前 1/4 胴体第 3 和第 4 颈椎之间的背侧线切去颈肉，腹侧切割线沿第 2 和第 3 肋骨与胸骨结合处直切至第 3 或第 4 或第 5 肋骨，保留部分桡、尺骨和腱子肉。

修整说明：根据加工要求确定肋骨数（4、5、6）和保留桡、尺骨的量。

（19）**肩脊排/法式脊排**　主要包括部分肋骨、椎骨及有关肌肉，由方切肩肉（4～6肋）除去肩胛肉，保留下面附着的肌肉带制作而成，在距眼肌大约10厘米处平行于椎骨缘切开肋骨修整，即得法式脊排。

修整说明：根据加工要求确定肋骨数（4、5、6）和腹壁切除线距眼肌的距离。

（20）**牡蛎肉**　主要包括肩胛骨、肱骨和桡尺骨及有关的肌肉。由前1/4胴体的前臂骨与躯干骨之间的自然缝切开，保留底切（肩胛下肌）附着而得。

修整说明：切断肩关节，根据加工要求剔骨或不剔骨。

（21）**颈肉**　俗称血脖，位于颈椎周围，主要由颈部肩带肌、颈部脊柱肌和颈腹侧肌所组成，包括第1颈椎与第3颈椎之间的部分。颈肉由胴体经第3和第4颈椎之间切割，将颈部肉与胴体分离而得。

修整说明：剔除筋腱，除去血污、浮毛等污物；根据加工要求将颈肉沿颈椎分割成羊颈肉排。

（22）**前腱子肉/后腱子肉**　前腱子肉主要包括尺骨、桡骨、腕骨和肱骨的远侧部及有关的肌肉，位于肘关节和腕关节之间。分割时沿胸骨与盖板远端的肱骨切除线自前1/4胴体切下前腱子肉。

后腱子肉由胫骨、跗骨和跟骨及有关的肌肉组成，位于膝关节和跗关节之间。分割时自胫骨与股骨之间的膝关节切割，切下后腱子肉。

修整说明：除去血污、浮毛等不洁物，不剔骨。

（23）**法式羊前腱/羊后腱**　法式羊前腱/羊后腱分别由前腱子肉/后腱子肉分割而成，分割时分别沿桡骨/胫骨末端3～5厘米处进行修整，露出桡骨/胫骨。

（24）**胸腹腩**　俗称五花肉，主要包括部分肋骨、胸骨和腹外斜肌、升胸肌等，位于腰肉的下方。分割时自半胴体第1肋骨与胸骨结合处直切至膈在第11肋骨上的转折处，再经腹肋肉切至腹股沟浅淋巴结。

修整说明：可包括除去带骨腰肉-鞍肉-脊排和腰脊肉之后剩余肋骨部分，保留膈。

（25）**法式肋排**　主要包括肋骨、升胸肌等，由胸腹膜第 2 肋骨与胸骨结合处直切至第 10 肋骨，除去腹肋肉并进行修整而成。

2. 去骨分割羊肉分割方法与命名标准

（1）**半胴体肉**　由半胴体剔骨而成，分割时沿肌肉自然缝剔除所有的骨、软骨、筋腱、板筋（项韧带）和淋巴结。

修整说明：根据加工要求保留或去除里脊、肋间肌、膈。

（2）**躯干肉**　由躯干剔骨而成，分割时沿肌肉自然缝剔除所有的骨、软骨、筋腱、板筋（项韧带）和淋巴结。

修整说明：根据加工要求保留或去除里脊、肋间肌、膈。

（3）**剔骨带臀腿**　主要包括粗米龙、臀肉、膝圆、臀腰肉、后腱子肉等，由带臀腿除去骨、软骨、腱和淋巴结制作而成，分割时沿肌肉天然缝隙从骨上剥离肌肉或沿骨的轮廓剔掉肌肉。

修整说明：切除里脊头。

（4）**剔骨带臀去腱腿**　主要包括粗米龙、臀肉、膝圆、臀腰肉，由带臀去腱腿剔除骨、软骨、腱和淋巴结制作而成，分割时沿肌肉天然缝隙从骨上剥离肌肉或沿骨的轮廓剔掉肌肉。

修整说明：切除里脊头。

（5）**剔骨去臀去腱腿**　主要包括粗米龙、臀肉、膝圆等，由去臀去腱腿剔除骨、软骨、腱和淋巴结制作而成，分割时沿肌肉天然缝隙从骨上剥离肌肉或沿骨的轮廓剔掉肌肉。

修整说明：切除尾。

（6）**臀肉（砧肉）**　又名羊针扒，主要包括半膜肌、内收肌、股薄肌等，由带臀腿沿膝圆与粗米龙之间的自然缝分离而得。分割时把粗米龙剥离后可见一肉块，沿其边缘分割即可得到臀肉，也可沿被切开的盆骨外缘，再沿本肉块边缘分割。

修整说明：修净筋膜。

（7）膝圆 又名羊霖肉，主要是臀股四头肌。当粗米龙、臀肉去下后，能见到一块长圆形肉块，沿此肉块自然缝分割，除去关节囊和肌腱即可得到膝圆。

修整说明：修净筋膜。

（8）粗米龙 又名羊烩扒，主要包括臀股二头肌和半腱肌，由去骨腿沿臀肉与膝圆之间的自然缝分割而成。

修整说明：修净筋膜，除去腓肠肌。

（9）臀腰肉 主要包括臀中肌、臀深肌、阔筋膜张肌。分割时于距髋关节大约 12 毫米处直切，与粗米龙、臀肉、膝圆分离，沿臀中肌与阔筋膜张肌之间的自然缝除去尾。

修整说明：根据加工要求，保留或除去盖肌（阔筋膜张肌）和所有的皮下脂肪。

（10）腰脊肉 主要包括背腰最长肌（眼肌），由腰肉剔骨而成。分割时沿腰荐结合处向前切割至第 1 腰椎，除去脊排和肋排。

修整说明：根据加工要求确定腰脊切块大小。

（11）去骨羊肩 主要由方切肩肉剔骨分割而成，分割时剔除骨、软骨、板筋（项韧带），然后卷裹后用网套结而成。

修整说明：形状呈圆柱状，脂肪覆盖在 80% 以上，不允许将网绳裹在肉内。

（12）里脊 主要是腰大肌，位于腰椎腹侧面和髂骨外侧。分割时先剥去肾脂肪，然后自半胴体的耻骨前下方剔出，由里脊头向里脊尾，逐个剥离腰椎横突，取下完整的里脊。

修整说明：根据加工要求保留或去除侧带，或自腰椎与髂骨结合处将里脊分割成里脊头和里脊尾。

（13）通脊 主要由沿颈椎棘突和横突、胸椎和腰椎分布的肌肉组成，包括从第 1 颈椎至腰荐结合处的肌肉。分割时自半胴体的第1颈椎沿胸椎、腰椎直至腰荐结合处剥离取下背腰最长肌（眼肌）。

修整说明：修净筋膜，根据加工要求把通脊分割成腰脊眼肉、肩胛眼肉、前1/4胴体眼肉、脊排眼肉、肩脊排眼肉。

五、羊肉品质评定

（一）肉色

肉色即羊肉的颜色，是指肌肉的颜色。它是由肌肉中的肌红蛋白和肌白蛋白的比例所决定的。与肉羊的性别、年龄、肥度、屠宰前状况、放血的完全与否、冷却、冻结等加工情况有关。成年绵羊的肉呈鲜红色或红色，老母羊肉呈暗红色，羔羊肉呈淡灰红色。在一般情况下，山羊肉的颜色较绵羊肉色偏红。

羊肉颜色测定方法包括目测法和仪器测定法两种。

（1）目测法　是胴体分割后，取最后一个胸椎处背最长肌（眼肌）为代表，新鲜肉样于宰后1～2小时，冷却肉样于宰后24小时在4℃冰箱中存放。在室内自然光度下，用目测评分法评定肉的新鲜切面。灰白色评1分，微红色评2分，鲜红色评3分，微红色评4分，暗红色评5分。两级间允许评0.5分。具体评分时可用美式或日式肉色评分图对比，凡评为3分或4分者均属正常颜色。

（2）仪器测定法　是根据肌肉颜色对光的反射强弱设计的仪器来测定的。用葵夫值（Gofo）表示肌肉的肉色。测试仪紧贴新鲜平整的切面，直接读取测定数值。

（二）大理石纹

大理石纹是指肉眼可见的肌肉横切面红色中的白色脂肪纹状结构。红色为肌细胞，白色为肌束间的结缔组织和脂肪细胞。白色纹理多而显著，表示其中蓄积较多的脂肪，肉多汁性好，是简易衡量肉含脂量和多汁性的方法。现在常用的方法是取胴体上第一腰椎部背最长肌鲜肉样，置于 0～4℃ 冰箱中 24 小时后取出，进行横切，以新鲜切面观察其纹理结构，并借用大理石纹评分标准图评定。只有痕迹评为 1 分，微量评为 2 分，少量评为 3 分，适量评 4 分，过量评 5 分。

（三）酸碱度

酸碱度是指肉羊宰杀后，在一定条件下，经一定时间所测得的 pH。肉羊宰杀后，羊肉发生一系列的生化变化，主要是糖元酵解和三磷酸腺苷（ATP）的水解供能变化，结果使肌肉中沉积乳酸和磷酸等酸性物质，使肉 pH 降低。这种变化可改变肉的保水性能、嫩度、组织状态和颜色等性状。

测定方法：用 pH 测定仪测定。直接测定时，在切开的肌肉面用金属棒从切面中心刺一小孔，然后插入酸度计电极，使肉紧贴电极球端后读取；捣碎测定时，将肉样加入组织捣碎机中捣 3 分钟左右，取出装在小烧杯中，插入酸度计电极测定。

评定标准：鲜肉，pH 为 5.9～6.5；次鲜肉，pH 为 6.6～6.7；腐败肉，pH 在 6.7 以上。

（四）熟肉率

熟肉率是指肉熟后与生肉的重量比率。于宰杀后 12 小时内进行测定。用腰大肌代表样本，取一侧腰大肌中段约 100 克，剥离肌外膜所附着的脂肪后，用感量 0.1 克的天平称重（w_1），然后放置于盛有沸水的铝锅蒸屉上，加盖蒸 60 分钟，取出蒸熟肉样，冷却 30～45 分钟或吊挂于室内无风阴凉处 30 分钟后，再称重（w_2）。计算公式：

$$熟肉率 = \frac{w_2}{w_1} \times 100\%$$

（五）系水率

系水率是指肌肉保持水分的能力。这是影响肉质的一项重要性状，是肌肉蛋白质结构和电荷变化的极敏感的指标。肌肉蛋白质变性，其系水率降低。

计算公式：

$$系水率 = \frac{肌肉总水分量 - 肉样失水量}{肌肉总水分量} \times 100\%$$

（六）失水率

失水率是指羊肉在一定压力条件下，经一定时间所失去的水分占失水前肉重的百分率。失水率越低，表示保水性能越强，肉质柔嫩，品质好。

测定方法：切取第一腰椎以后背最长肌5厘米肉样一段，平置在洁净的橡皮板上，用直径为2.532厘米的圆形取样器（面积约5平方厘米），切取中心部分眼肌样品，其厚度为1厘米，立即用感量为0.001克的天平称重，然后放置于铺有多层（一般为18层）吸水性好的定性中速滤纸，肉样上方覆盖18层定性中速滤纸，上、下各加一块塑料板，加压至35千克，保持5分钟，撤除压力后，立即称量肉样重量。肉样加压前后重量的差即为肉样失水重。

计算公式：

$$失水率 = \frac{肉样压前重量 - 肉样压后重量}{肉样压前重量} \times 100\%$$

（七）嫩度

嫩度指肉的老嫩程度。实际上是指煮熟的肉入口后对肉撕裂、切断和咀嚼时的难度，嚼后在口中留存肉渣的大小和多少的总体感觉。

影响羊肉嫩度的因素很多，如羊的品种、性别、年龄、肉的部位、肌肉组织结构、成分、初步加工条件、保存条件和时间、熟制加工技术等。羔羊肉或肥羔肉，由于肌纤维细，含水分多，结缔组织少，所以肉质比成年羊或老龄羊嫩。在热加工过程中，因加工条件的不同，也影响到肉的嫩度，如煮肉的时间过短或过长，降低肉的嫩度。新鲜的羊肉比冷却风干时间长的羊肉嫩度好。

羊肉嫩度的评定通常采用品尝评定和仪器评定两种方法。品尝评定是传统的也是最基本的方法。仪器评定方法有多种，目前应用较广泛的是剪切力测定法，这种方法是测定羊肉嫩度的方法中较客观的一种评定法。

（八）膻味

膻味是羊肉所固有的一种特殊气味。一般认为，己酸、辛酸和癸酸等短链及游离脂肪酸与膻味有关，但是它们单独存在并不产生膻味，必须按一定的比例，结合成一种较稳定的络合物，或者通过氢键以相互缔合形式存在，才产生膻味。膻味的大小因羊种、品种、性别、年龄、季节、遗传、地区、去势与否等因素不同而异。我国北方广大农牧民和城乡居民，长期以来有喜食羊肉的习惯，对羊肉的膻味也就感到自然，有的甚至认为是羊肉的特有风味。江南的城乡居民大多数不习惯食羊肉，更不习惯闻羊肉的膻味。

对羊肉膻味的鉴别，最简便的方法是煮沸品尝。取前腿肉0.5～1.0千克放入铝锅内蒸60分钟，取出切成薄片，放入盘中，不加任何佐料（原味），凭咀嚼感觉来判断膻味的浓淡程度。

六、羊肉的贮藏

在众多贮藏方法中低温冷藏是应用最广泛、效果最好、最经济的方法。它不仅贮藏时间长而且在冷加工中对肉的组织结构和性质破坏作用最小，被认为是目前肉类贮藏的最佳方法之一。羊肉也同样采用低温贮藏的方法来延长保质期。

（一）羊肉的冷却与冷藏

羊肉的冷却是采用冷气流环境，将热鲜肉深层温度快速降低到预定温度（0～4℃）而不使其结冰的加工方法，此肉称为冷却肉。冷却肉日益受到消费者的普遍欢迎。

（1）羊肉的冷却方法和条件　冷却间温度为-1～3℃，肉品进入后保持0～3℃，8～10小时降至0℃左右，相对湿度为95％～98％，随肉温下降，其相对湿度稍有下降，约为92％，12小时后腿肌深层温度可达0～6℃，片肉间隔保持3～4厘米距离。羊片肉采用吊笼式冷却。

为了防止羊肉冷收缩的发生，在羊肉胴体的pH值高于6.0以前，肉温不要降到10℃以下。实际操作中将屠宰的羊胴体，送入设有良好通风和降温设备的冷却室，室内温度-3℃，经24～28小时，肉表面形成一层干燥层，胴体深处温度为2～4℃。

冷却过程中，应注意在吊轨上的羊胴体，要保持3～5厘米的间距。轨道负荷每米定额以半片胴体计算为10片（150～200千克）。此外在平行轨道上，按品字形排列，以保证空气的流通。

（2）冷却羊肉的贮藏　冷藏环境的温度和湿度对贮藏期的长短起决定的作用，温度越低，贮藏时间越长，一般以-1～1℃为宜，相对湿度85％～90％，保存期20天。若延长保存期，室温应更低。温度波动不得超过0.5℃，进库时升温不得超过3℃。

我国北方无冷库设施的一些高寒地区，初冬屠宰羊只时，为减少损失，实行就地屠宰和自然冷却。自然冷却是将屠宰的胴体平放堆垛，置于阴冷处，要求当地气温一般-20℃左右，在肉垛上泼水使之冷冻，上面遮盖，作短期贮存后，陆续调往外地。此种方法也称自然冷却保存。

（3）**冷却羊肉冷藏期间的变化**　冷藏条件下的羊肉，由于水分没有结冰，微生物和酶的活动还在进行，所以易发生干耗，表面发黏、发霉、变色（若贮藏不当，羊肉会出现变褐、变绿、变黄、发荧光）等，甚至产生不好的气味。

冷藏过程中可使肌肉中的化学变化缓慢进行，而达到成熟，目前羊肉的成熟一般采用低温成熟法即冷藏与成熟同时进行。在 0～2℃，相对湿度 86%～92%，空气流速为 0.15～0.5 米/秒，羊肉的成熟时间大约两周。

研究表明，冷收缩多发生在宰杀后 10 小时，肉温降到 8℃时出现。这是屠宰后在短时间进行快速冷却时肌肉产生强烈收缩。这种羊肉在成熟时不能充分软化。

（二）羊肉的冷冻贮藏

（1）**羊胴体的冻结**　通常是在冷却加工基础上再进行的冻结加工。片肉经上述冷却后，通过轨道吊挂滑入急冻间进行急冻，急冻间温度为 -25～-23℃，风速为 1～3 米/秒；经 18～24 小时，可使肉深层降至 -17～-15℃，即可转入冷冻低温贮藏间储存。也可在较低的温度下冻结，其肉组织冰晶小，肉质贮存期长。

在国外采用低温 -40～-30℃、相对湿度 95%、风速 2～3 米/秒下冷冻，使肉温快速降至 -18～-15℃。但过热的肉进行急冻，也不能使深层快速冻结。

（2）**羊胴体的冻藏**　根据肉类在冻藏期中脂肪、蛋白质、肉汁损失情况以及在什么温度下贮藏最经济来看，肉类冷冻到 -20～-18℃，对大部分肉类而言是最经济的温度，在此温度下，肉类可以耐半年到一年的冻结贮藏，保持其商品价值。羊胴体的冻结点为 -1.7℃，冻藏温度为 -23～-18℃，相对湿度 90%～95%，可保存 8～11 个月。

冻藏时将羊胴体的二分体，按照一定容积分批分级堆放在冷库内。肉堆与周围墙壁和天花板之间保持 30～40 厘米的距离，距冷排管 40～50 厘米，肉堆与肉堆之间保持 15 厘米，在冻藏室中间应保持车的通道，一般在 2 米左右。

分割包装冷藏为近年来发展的冷冻保藏方式，其优点是减少干耗、防止污染、提高冷库的冷藏能力、延长贮藏期及便于运输等。具体做法是将修整好的肉放在平盘上先送入冷却间进行冷却，0～4℃预冷 24 小时，使肉温不高于 4℃，然后进行包装。使用纸箱或聚乙烯塑料包装。包装好后送入冷冻间 -25～-18℃冷冻 70 小时，使肉温达到 -15℃以下。最后送冷库冻藏，库温 -23～-18℃，相对湿度 90%～95%，使空气自然循环。

七、羊肉的加工

我国各民族的传统文化，赋予羊肉丰富多彩的食用方法。羊肉的加工主要有烤、烧、酱、涮、炒等，如有名的烤全羊、烧羊肉、酱羊肉、涮羊肉等。

（一）加工食用羊肉片

1. 特级羊肉片

选择含结缔组织少、细嫩和营养完全的背最长肌、里脊肌、夹心肉为原料，装模或卷筒造型冷却后，切制成长方形条状或圆形结构的特优羊肉片，厚度不超过 2 毫米。将切制好的羊肉片，按要求重量装袋密封。

2. 一级羊肉片

选取臀腿肌中的股二头肌、半膜肌、半腱肌和上臂肌等为原料，经精细加工制作而成。

3. 普通羊肉片

选用去掉筋、腱、韧带的胴体肉为原料，将胴体肉统一搭配，切制成厚度为 1～7 毫米的羊肉片。

（二）羊肉串

烤羊肉串是深受人们欢迎的风味小吃，烤好的羊肉串色泽棕黄，肉嫩味香，鲜美可口。具体做法如下：

1. 选料与处理

选取胸肩、背腰、臀腿等肉层较厚部位的瘦肉，剔除筋腱及碎骨，切成厚 0.2～0.5 厘米大小一致的肉片，用竹扦或钢扦穿成整齐的肉串，每串 8～10 片。

2. 配料与腌制

配料：食盐和酱油各为原料肉重的 0.2%～0.3%，香料、辣椒面等适量。

腌制：将穿好的羊肉串坯浸泡于混合好的配料中，经数次翻动即可。

3. 烧烤

炭火烧烤法：将腌好的羊肉串置于炭火上，视炭火强度与羊肉串变化程度，随时调整翻动，一般 3 分钟即可烤好，然后将孜然粉、辣椒面、精盐、味精等佐料均匀撒在羊肉串上，再稍加烧烤便可食用。

电热炉烧烤法：将腌好的羊肉串坯竖挂于烤排上，每烤排可挂 8～10 串，再将挂好羊肉串的烤排送入炉内，每炉 8～10 排，一般 5 分钟左右便可烤好。烧烤过程中只需抽查变熟情况，无需翻动和调换位置。此法较炭火烧烤更符合卫生要求。

（三）烤全羊

（1）**宰杀**　其宰杀方法比较传统。选用肥羊羔（2 岁以下），在羊的胸口开一小口，用手从中伸入，掐断动脉，然后用 80℃ 的热水浇烫羊的全身，趁热将羊毛煺净，挖除内脏，内外用水洗干净。在腹腔、后腿等肉层较厚的部位，用刀扎些小口，然后放进各种佐料（佐料和数量须根据口味要求酌定）腌入味，外皮用适量酒和麻油抹遍。

（2）烤焖 用铁钎从羊尾向内插到腹部，并加以巩固。随后用铁链钩住羊的四肢，以背部朝下放入，横挂在一种口小肚大的烤炉中间，炉底放入木炭。在挂羊的下面放一铁盆以备接盛烤时滴下的羊油，然后点燃木炭，用铁盖盖住烤炉上口，并用泥封口，进行烤焖。

（3）烤羊时完全依靠炉内的底火和炉壁反射的高温烤焖而成

在烤的过程中，要随时从炉壁半腰的玻璃窗口或炉下口观察，调整火力，保持文而不烈，才能达到预期的效果，全红油亮，外焦里嫩，又酥又香，油而不腻。

（四）烤羊腿

烧烤羊肉在我国有着悠久的历史。烤羊腿参照传统加工方法制成，产品色泽金黄，肉质酥烂，鲜香味美，爽口不腻，风味独特。

1. 原料肉的选择与整理

选用符合食品卫生要求的新鲜羊后腿。羊屠宰加工后，斩下后腿作为原料。割除蹄爪，用温水洗干净，剔去表面筋膜。用刀顺肌纤维方向纵向切开肌肉达腿骨，肌肉划切刀缝有利于腌制时吸收配料。

2. 腌制

配料的配方为：1 只重约 2.5 千克的羊后腿，需食盐 50 克、花椒粉 10 克、葱末 50 克。将食盐、葱末和花椒粉混合均匀，然后抹擦在羊腿肉上，肉厚处多擦些配料，同时配料要擦入刀缝，腌制约 4.5 小时。

3. 蒸煮

将腌制后的羊腿放入蒸笼内，加热蒸熟，约需 1.5 小时，注意蒸汽要足。出笼后稍冷却，再挂糊。

4. 挂糊

用 2 只鸡蛋的蛋液，加面粉 50 克，胡椒粉 10 克，孜然粉 5 克，味精 10 克，再加少量水调成糊状。把调好的糊均匀抹涂于羊腿肉上。

5. 烧烤

将挂糊后的羊腿挂入烤炉中，可用远红外烤鸭炉进行烤制。温度控制在 220℃左右，表面烤至呈金黄色时即可出炉，约需 15 分钟，然后剔骨。肉切成片，盛入盘中，撒上孜然粉，即可食用。

（五）涮羊肉

1. 羊肉的选择和切法

涮羊肉的选肉以阉割过的绵公羊的后腿肉为最佳。选肉时，先去掉边缘和肉头，剔除脆骨和肉外侧面的筋膜，再将羊肉切成厚一寸、宽四寸的长方块。余下不带筋膜的碎肉可填补在短缺处，用浸湿的薄布将羊肉包上，要保持其原形，放在平盘内，置于冰箱或冰柜内冻牢。切肉时，先用凉水将布浸透，再将布拧干，叠成羊肉块大小，盖在羊肉上，用左手压紧肉块和盖布，防止肉前后滑动，右手拿刀，左手食指顶着刀，刀尖先下，要横着肉纹切，下刀要稳，要正，用力要匀，刀与肉接触后要像拉锯似地并且一刀挨一刀切下来，将肉片切成刨花似的薄片，码在盘中。

2. 涮羊肉的配料和调料

配料：大白菜、菠菜、粉丝、冻豆腐。用量可根据自己的口味、习惯及人数多少随意掌握。白菜叶要用手撕成大块，洗净。菠菜择洗干净，切成二寸长的段。冻豆腐先用温水泡透，然后切成厚三分、长一寸五、宽一寸的长方片。粉丝用温水泡透，然后用剪子剪成五寸长的段。将以上的配料分别放在较大的盘中。

调料：芝麻酱、酱油、料酒、米醋、酱豆腐汁、卤虾油、腌韭菜花、辣椒油、香菜、大葱、雪里蕻、糖蒜。芝麻酱要调得稀稠适度；酱豆腐放在碗里，加入少量的凉开水，用筷子捣碎，碾开，再加入适量的凉开水，调成粉红色粥状的酱汁；辣椒油是用香油或花生油炸制而成的，即将香油或花生油倒入锅内，烧至油冒烟，离火，下入去掉蒂和籽的干辣椒段，用筷子搅一下，至深紫色为止。将香菜、大葱、雪里蕻洗干净，香菜切成五分长的段，大葱切末，雪里蕻剁碎成末状，糖蒜撕去外皮，再掰成瓣。将上述各味调料及配料分别盛入小碗内。

涮羊肉的汤可分别用海米或口蘑煮制而成。海米汤：先将海米用温水洗一洗，放在锅中加入水和葱段、姜片，用大火烧开，再改小火慢煮一个小时即可。口蘑汤：先将口蘑放在较大的碗内，冲入开水，加盖焖发1小时，然后捞出放在温水中，用手抠去蘑顶、蘑柄上的细沙，再用清水洗数遍，放入锅中，倒入焖发口蘑的原汤，加入开水，煮1小时即可。如不用上述两种汤，直接用开水也可以。

3. 涮羊肉的涮法和食法

取一小碗，依次放入各味调料或按自己口味习惯而取舍。但酱油、酱豆腐汁是咸鲜味调料，芝麻酱是味汁的主味，不可不放。其他各味调料，如腌韭菜花、卤虾油，咸中有较强的异香味，辣椒油具有辣香，可按自己的口味取舍。将各味调料下入小碗中，拌匀即成味汁。

火锅洗刷干净，将煮好的汤盛入涮锅内，点火烧开，端至桌面上。涮肉时，先夹少量肉片在烧开的汤中抖散，当肉片变成灰白色时，即可夹出，蘸着味汁就着烧饼和糖蒜食之。肉片要随涮随食，每次涮后要等锅内汤再沸时，方可再夹肉片涮之。白菜叶、菠菜、粉丝、冻豆腐可依自己口味，下锅涮之，蘸味汁而食，既可调剂口味，又可解腻。涮食中要随时注意火力的强弱，及时调节，使火旺盛。还要随时注意锅内汤的多少，及时加汤或开水。

（六）酱羊肉

1. 北京酱羊肉

（1）**原料** 选蒙古羊等地方品种绵羊，宰后按部位剔选。筋腱较多部位切块宜小，肉质较嫩部位切块应稍大些，以便煮制均匀。

（2）**配料** 每50千克鲜羊肉用盐1.5千克，干黄酱5千克，大料面400克，丁香、砂仁各100克。

（3）**煮制** 将羊肉切块，洗涤后入锅，放进盐、酱，先用旺火煮1小时，除去腥膻味，然后再加配料，兑入"百年老汤"（每次炖肉以后，将一部分肉汤兑入下次的肉锅中，这样日久天长不断，即称为"百年老汤"），用微火慢煮6小时左右，让料味渗入肉中，至肉烂而碎即可，味道浓香，芳香四溢。

2. 浙江酱羊肉

（1）**原料** 选浙江产湖羊的鲜肉，切成重0.25千克的长方形肉块。

（2）**配料** 每100千克羊肉用老姜（捣碎）3千克、绍兴酒2千克、胡椒0.9千克、酱油12千克。

（3）**煮制** 将切好洗净的羊肉块入锅，根据肉质老嫩，先下老肉，后放嫩肉。煮沸之后，撇去汤面浮沫，然后放入备好的配料，将锅内羊肉进行翻动，使配料在锅内均匀分布，再铺上羊网油，塞紧压实，之后用旺火煮沸，然后用小火焖煮约2小时即可。成品酱羊肉色泽酱红、油亮，肉质酥软适口，味鲜美，无膻味。

（七）月盛斋烤羊肉

北京月盛斋烤羊肉，具有特殊风味，颇受消费者喜爱，其产品已有 200 多年的历史，原为清宫"御膳房"的上等佳品。成品金黄光亮，外焦里嫩，不膻不腥，瘦而不柴，脆嫩爽口，余味带香。

1. 原料肉的选择与整理

选用优质羊肉，最好用当年羯羊肉，肉质细嫩，以新鲜羊肉为好。羊肉先用温水浸泡洗涤，除去表面血污、毛等杂物，捞出沥干水，置于案子上；然后剔骨，除去碎骨、淋巴结、大的筋腱和血管；再切成 1 千克重的肉块，浸泡在温水中洗净。

2. 煮制

羊肉煮制时，每次要调新汤，以宽汤煮制，达到去膻除腥使肉质鲜美之目的。

配料标准为：每 100 千克原料肉，需大茴香 500 克、花椒 150 克、桂皮 140 克、砂仁 140 克、丁香 140 克、黄酱 10 千克、食盐 3～4 千克。

锅内加清水 50 千克左右，水烧热后加入黄酱和食盐，搅拌溶解，使酱块充分分散开。旺火烧沸，撇去表面浮沫，煮沸 0.5 小时，然后舀出过滤，除去酱渣，酱液待用。

把香辛料用纱布袋装好，最好分成 2 袋，放在锅下部。然后放入羊肉，上面用箅子压住，以防肉块上浮。再加入酱液，淹没肉块，使肉全部在液面以下，若酱液不足可用清水补充。旺火烧沸，撇除表面浮沫，1 小时后，翻锅 1 次，改为微火烧煮。煮制期间，注意锅内随时添水，始终能将肉淹没于液面之下，待肉酥软熟透即可，约需 3 小时。出锅时，用拍子把肉轻轻托出，保持肉块完整，按块分装在特制的肉屉中，冷却至室温后进行烧制。

3. 烧制

烧制时按锅容量大小放入适量油后点火，使油温升高直到60～70℃时，放入香油，等香油散发出香味时，将肉放在锅内烹炸，待羊肉色泽已达鲜艳金色时出锅，即为烧羊肉成品。

（八）腊羊肉

剔除羊肉的脂肪膜和筋腱，顺羊肉条纹切成长条状，按100千克羊肉配料：食盐5千克、白砂糖1千克、花椒0.3千克、白酒1千克、五香料100克调匀，均匀地涂抹在肉条表面，入缸腌制3～4天，中途翻缸1次，出缸后用清水洗去配料，穿绳挂晾至外表风干，入烤房烤至干硬（也可采用自然风干）。

第二节　羊毛和羊皮

一、羊毛的特性及品质标准

（一）羊毛的构造

1. 羊毛的形态学构造

在形态学上，羊毛可分为3个基本部分，即毛干、毛根和毛球。

（1）毛干　羊毛露出于皮肤以外的部分，这部分一般称为毛纤维。

（2）毛根　羊毛在皮肤内的部分，它的上端和毛干相连，下端与毛球相连，是正在角质化而又向外长出皮肤的毛纤维部分。

（3）毛球　位于毛根下部，为毛纤维的最下端，膨大呈梨状。毛球围绕着毛乳头并与其紧密相连。它依靠从毛乳头获得的营养物质，使毛球内的细胞不断增殖，而促使毛纤维生长。

另外，毛纤维周围还存在一些有关组织和附属机构。

（1）**毛乳头** 位于毛球的中央，是真皮的乳头层细胞，以圆锥形伸入毛根之内。毛乳头由结缔组织构成，是毛纤维的营养器官，其中含有密集的毛细血管网和神经末梢。毛乳头对于羊毛的生长具有决定性作用。因为，随着血液进入毛乳头的营养物质渗透到毛球内，保证了毛球细胞的营养，而且羊毛生长的神经调节作用也是通过它来实现的。

（2）**毛鞘** 是由数层表皮细胞所构成的管状物。它包围着毛根，所以亦称根鞘。毛鞘可分为内毛鞘和外毛鞘。

（3）**毛囊** 在毛鞘之外，由好像毛鞘外壳似的结缔组织构成的毛鞘外膜，形如囊状。

（4）**皮脂腺** 位于毛鞘两侧，分泌导管开口于毛鞘上 1/3 处，分泌油脂。油脂与汗液在皮肤表面混合，称为油汗。它对毛纤维有保护作用。

（5）**汗腺** 位于皮肤深处，其分泌导管大多开口于皮肤表面，也有的开口于毛囊内接近皮肤表面的地方。其生理作用主要为调节体温和排出无用的代谢产物。

（6）**竖毛肌** 是生长于皮肤较深处的小块肌纤维。它一端固着在低于皮脂腺的毛鞘上，另一端呈一定角度与表皮相连。它可调节脂腺和汗腺的分泌以及血液和淋巴液的循环。

2. 羊毛的组织学构造

羊毛纤维的结构可分为 3 层，即覆盖在毛干外面的鳞片层、组成毛纤维主体的皮质层和处于毛纤维中心的髓质层（无髓毛和部分两型毛没有髓质层）。

（1）**鳞片层** 毛纤维的最外层，由扁平、无核、角质化的细胞所组成。

单个鳞片细胞的厚度从根部到尖端有所不同，且常随纤维的类型而异，一般为 0.5～2.0 微米；其平均长度为 35.6～37.6 微米，平均宽度为 27.0～28.6 微米。在 1 毫米长度的羊毛上，无髓毛有65～80 个鳞片，有髓毛有 45～60 个。

鳞片的一端附着于毛干上，另一端伸向纤维的顶端呈游离状，边缘似锯齿状，鳞片的排列和形状因纤维类型的不同而有所不同。

（2）皮质层　皮质层位于鳞片层之内，是毛纤维的重要组成部分，决定着毛纤维的物理性能和机械特性。皮质层由皮质细胞和细胞间质两部分组成。

① 细胞间质　叫基质，系高含硫蛋白质的非晶体结构。它的主要成分是无定形结构的蛋白质，其二硫键比较多。二硫键对羊毛的强度、弹性都有较大的影响。

② 皮质细胞　系角质化的纺锤形细胞，其长度平均 80～100 微米，宽度为 2～5 微米，厚度为 1.2～2.6 微米。每一个纺锤形细胞间，可能存在着空隙和细胞间质。

（3）髓质层　髓质层是有髓毛的主要特征，位于毛纤维中央。

髓层为海绵状角质，由不规则形薄壁空心细胞所组成。细胞直径为 1～7 微米。它和其他各层不同，内含大量空气。因此，它是极为松软的多孔性组织。

髓质细胞在组成上与毛纤维的鳞片层、皮质层有着明显的差异。其主要特征是：髓质细胞基本上是由低硫蛋白质组成，其中胱氨酸含量极少。在鳞片层和皮质层内几乎不存在胱氨酸，在髓质细胞中却大量地存在着。

因为髓质层内含有空气，所以在生物显微镜下，用甘油剥片，髓层呈黑色或深色带状。它的形状可分为两种，一种是连续贯通整个毛纤维的连续状髓，另一种是断续的或点状的非连续状髓。由于髓质层的厚度不同，所以在显微镜下，可以看到有的较粗，有的较细。

(二) 羊毛的纤维类型

根据羊毛的形态、细度，用肉眼或者借助于显微镜观察，羊毛纤维可以分为 4 个主要类型。

1. 刺毛

刺毛着生于羊面部和四肢下部，粗、短、硬，微呈弓形。组织学构造分 3 层，髓层为连续状。鳞片小而紧贴毛干，为非环形。纤维表面光滑，光泽较亮，长度为 1.5 厘米左右。

刺毛毛根在皮肤内呈倾斜状生长，所以它在皮肤上形成了与其他类型不同的特殊毛层。刺毛纤维很短，着生部位特殊，剪毛时不剪，刺毛在毛纺工业中也无利用价值。

2. 有髓毛

有髓毛可分为正常有髓毛、干毛和死毛 3 种。干毛和死毛都是正常有髓毛的变态毛。

（1）正常有髓毛 也叫发毛，是一种粗、长而无弯曲或少弯曲的纤维。由于它较其他纤维类型长，因而组成了突出于被毛表面的外层毛。

正常有髓毛的直径变异较大，一般为 40～120 微米。组织学结构由鳞片、皮质和髓质 3 层组成。鳞片为非环形，紧贴在毛干上，因此有髓毛光泽较好。髓层为连续状，髓腔的大小往往是随着纤维直径的变粗而增大。

有髓毛的手感比较粗糙，缺乏柔软性，但弹性较好。它在整个被毛中的含量及其细度，是评价粗毛品质好坏的重要指标之一。

有髓毛的工艺价值低于无髓毛，含有有髓毛的羊毛，一般只能用以织造粗纺织品，如毛毯、地毯和毡制品等。

（2）干毛 干毛与正常有髓毛的区别，主要是纤维上端变粗变硬，发黄变脆，易折，缺乏光泽，形成的原因是纤维上部受雨水冲刷而失去油汗的保护，羊毛直接受到风吹、日晒、粪尿浸渍等外界条件的影响。其在组织学结构上与正常有髓毛无异。

干毛多见于毛纤维的上端，整个纤维变干的不多。其工艺价值很低，被毛中干毛越多，羊毛品质越差。

（3）**死毛**　是羊只被毛中那些粗、短、硬、脆、无规则弯曲，而且呈灰白色的纤维。其直径为 120～140 微米，更粗者可达 200 微米。

这种纤维易于折断，少光泽，不能染色。其组织学结构的特点是髓层特别发达，皮质层极少，横截面常呈扁的不规则形。

死毛完全丧失了纺织纤维所应当具有的主要技术特性，如强度、伸度、光泽和对染料的亲和能力等。因此，含有死毛的羊毛，品质会大大降低。

3. 无髓毛

无髓毛又叫绒毛。从表面上看，一般较细、较短、弯曲多而整齐。其直径为 15～30 微米，长度为 5～15 厘米。

组织学结构由鳞片层和皮质层组成。鳞片为环状，排列紧密，边缘翘起程度大，纤维表面不光滑。纤维除鳞片外全部为皮质层所充满。横截面形状呈圆形或接近圆形。上述一切决定着它有良好的纺织性能，所以无髓毛是最有价值的纺织原料。无髓毛在异质毛中，存在于被毛底层，所以也叫内层毛或底绒。

4. 两型毛

两型毛又叫中间型毛。它比无髓毛粗而比有髓毛细，直径为 30～50 微米，其长度变化较大，大部分的长度很难与无髓毛或较短的有髓毛加以区别。

两型毛在组织学构造上接近无髓毛。髓多呈较细的断续状或点状，皮质层含量较多，鳞片排列及形状也介于有髓毛和无髓毛之间。在工艺价值上，两型毛要比有髓毛好得多，两型毛比例大的羊毛，适合用于制造提花毛毯和一般毛毯、长毛绒、地毯等。同质半细毛中的两型毛，因其弹性大、光泽好、毛长，是制造毛线和工业用呢等的上等原料。

（三）羊毛的分类

羊毛首先可以按其所含纤维的类型分成两类，即同质毛（或称同型毛）和异质毛（或称混型毛）。

同质毛指一个套毛上的各个毛丛由一种纤维类型所组成，毛丛内部纤维的粗细、长短趋于一致。细毛羊品种、半细毛羊品种及其高代杂种的羊毛都属于这一类。根据羊毛细度，同质毛又可分为同质细毛和同质半细毛两种。同质毛是毛纺工业上对羊毛原料要求的前提，粗毛羊杂交改良和育种工作也都要求毛被达到同质。在此基础上进一步要求羊毛综合品质的提高。

异质毛指一个套毛上的各个毛丛由两种以上不同的纤维类型（主要有绒毛和粗毛，也包括两型毛、干毛和死毛）组成。由于由不同纤维类型所组成，其细度和长度不一致，弯曲和其他特征也显著不同，多呈现毛辫结构。粗毛羊皆为异质毛。

羊毛分为细毛、半细毛和粗毛 3 种。

（1）细毛　由同一种类型的细毛组成，羊毛的细度直径都在 25 微米以内，即毛纺工业上品质支数的要求在 60 支以上。羊毛细度变异系数不超过 25.6%，弯曲整齐，较多，羊毛纤维长短一致。

细毛羊品种及其与粗毛羊杂交的三四代杂种，其毛被完全是由细毛组成，细毛是毛纺工业上的精纺原料，可以织成哔叽、华达呢等织品。

（2）半细毛　是由同一种纤维类型较粗的无髓毛组成，也有的是由同一种纤维类型的两型毛组成。工业上根据其细度的不同，品质支数可以从 32 支到 58 支，即直径范围为 25.1～67.0 微米。其中 56～58 支的半细毛，可以用于生产普通的毛织品和细的绒线，以及用作针织品原料，长度要求在 9 厘米以上，平均细度 25.1～29.0 微米，变异系数不超过 28%。48～50 支的半细毛主要是毛线和工业用呢的原料，要求毛长在 12 厘米以上，羊毛的强度和弹性要大，耐磨结实，平均细度 29.1～37.0 微米，变异系数不超过 30%。

（3）粗毛　是由几种纤维类型混合组成，粗毛羊品种生产这种羊毛。底层为绒毛，上层为粗毛和两型毛，也混有干毛和死毛，不同粗毛羊品种间，以及同一品种的不同个体间，各种纤维组成的比例相差很大。

粗毛取之于粗毛羊品种，另外，细毛羊和半细毛羊品种与粗毛羊杂交的一二代杂种也生产粗毛，但纤维类型已有很大变化，无髓毛比例明显增加，粗毛品质的好坏受纤维类型所占比例、细度和长度的均匀性以及干毛、死毛含量多少等影响，差异很大。好的粗毛在毛纺工业上可制造粗纺织品、长毛绒和提花毛毯、地毯等，毛质较差的，可以纺地毯纱，供制地毯用，最差的可用于擀毡。

（四）羊毛品质鉴定标准

羊毛是毛纺织品、地毯、毡制品和针织品的原料，其优劣就要看它适合于上述制品要求的程度。毛纺工业根据羊毛的工艺特性来判断其品质的好坏。羊毛的品质主要根据以下几点进行评定：

（1）细度　羊毛纤维的细度是确定羊毛品质和使用价值的重要指标之一。在毛纺工业中，要根据羊毛的细度来制定加工条件，制成不同的产品。

羊毛的细度是指纤维横切面直径的大小，用微米表示。但实际上，毛纤维的横切面不是纯圆的，很难准确测定，故改为以每根毛纤维的平均宽度来表示其细度。毛纺工业中，对同质细毛和半细毛还用品质支数来表示羊毛的细度，其含义是：在英制中为 1 磅（约 0.45 千克）净梳毛能纺成 560 码（约 512 米）长度的毛纱，叫做 1

支纱，如纺成 60 段 560 码的毛纱，即为 60 支。在公制中是以 1 千克净梳毛能纺成 1000 米长度的毛纱，称为 1 支。若 1 千克净毛能纺成 64 段 1000 米长毛纱，即为 64 支。由此可见，羊毛愈细，单位重量中羊毛纤维的根数愈多，能纺成的毛纱愈长，纱线的断裂强度也较好。一般精纺毛纱截面内应保持 30～40 根羊毛纤维，粗纺毛纱截面内一般控制在 120～134 根羊毛纤维，如纤维根数过少，必将增加断头率。

鉴定羊毛细度的同时，还要观察其均匀度，因为这也是对毛纱的细度和品质有直接影响的重要因素。所谓羊毛细度的均匀度应包括单根毛纤维上、中、下三段之间，毛纤维与毛纤维之间和被毛不同部位之间细度的均匀度。如果羊毛的变异系数超过标准要求，就不能用来纺织高档的精纺织品。

（2）长度　羊毛的长度在工艺上的重要性仅次于细度，它不仅影响毛织品和纱线的品质，而且是决定纺织加工系统和合理选择工艺参数的重要因素。在羊毛细度和其他品质相似的情况下，长羊毛的可纺支数和毛纱强力均比短的羊毛为高，断头率也有明显不同。3 厘米以下的短纤维含量是影响毛条质量的一个重要因素。因为短纤维在牵伸区域内不易被控制而成游离纤维，由此产生粗细不均等疵点。毛纺工业中分精梳毛纺和粗梳毛纺两个系统。精纺用毛要求羊毛长度在 6.5 厘米以上，短于 6.5 厘米的列入粗纺用毛。在精梳毛纺中，又分长毛纺（又称英纺）和短毛纺（又称法纺）两种，长毛纺一般使用 9 厘米以上长度的羊毛，而短毛纺则使用 5.5～12 厘米的羊毛。近年来又发展了半精梳毛纺系统，使用羊毛长度在 4～8 厘米之间。粗梳毛纺则一般使用 5.5 厘米长度的羊毛。毛毡使用更短的羊毛，工业用呢则使用较长的羊毛。

羊毛长度可分为自然长度和伸直长度。自然长度是指毛丛在不受任何外力影响下两端间的自然长度，这个指标在养羊生产和育种工作中应用较多，测量的精确度要求不超过 0.5 厘米。伸直长度是指羊毛纤维的自然弯曲在外力的作用下被拉直时两端之间的长度。伸直长度代表毛纤维的真实长度，这个指标在毛纺工业中应用较多，测量精确度要求不超过1毫米。

羊毛的伸直长度比自然长度要长，但长出来的范围视毛纤维的弯曲情况而定，一般细毛为20％以上，半细毛约长10％～20％，另外，在毛纺工业上，有时采用相对长度，即羊毛纤维的平均长度与平均细度之比。

羊毛长度与原毛量、净毛量、体重（在一定范围内）有正相关关系，但与密度、细度、弯曲和皱褶有不同程度的负相关，但这种相关关系又因品种不同而异。

（3）弯曲　羊毛弯曲（卷曲）是指羊毛纤维离开它假定的直线纵轴向两侧所形成的弧。一般以每1厘米的卷曲数来表示毛卷曲的程度，称为弯曲度（卷曲度）。毛纤维有两种弯曲现象，一种是羊毛纤维沿其长度方向，在同一平面内对假定直线纵轴的偏差，这种弯曲多为同质毛的弯曲；另一种是羊毛纤维在生长过程中，有围绕其中心扭转的趋向，亦称立体弯曲，此种弯曲多见于异质毛中，如卡拉库尔羊的豌豆形和螺旋形毛卷最为典型。

羊毛纤维弯曲的形状分为平弯曲、长弯曲、浅弯曲、正常弯曲、深弯曲、高弯曲和拆线状弯曲（环形弯曲）7种。前3种弯曲为弱弯曲，其特点是弯曲的弧度较半圆形浅，属浅波弯曲，在单位长度上弯曲少，半细毛的弯曲多属此类。正常弯曲的弧度接近或等于半圆形，美利奴羊的羊毛多属此类，具有此种弯曲的羊毛，一般品质优良。后3种弯曲的弧度超过半圆形，属高弯曲，其中深弯曲与正常弯曲比较，品质较次；高弯曲的羊毛质量不好，在梳理时容易将毛拉断，使精梳落毛增多，故不适于精纺；拆线状弯曲是羊毛的疵点，不利于纺织。

（4）强度和伸度　羊毛纤维在外力作用下引起的内应力与变形间的关系称为羊毛纤维的机械性质，而强度又是评定羊毛纤维的首要指标。因为羊毛的强度不同，其用途也不同，强度不足，不宜作精纺用毛。同时，在一定的纺纱系统中不能用作经纱，而只能用作纬纱。

① 强度 羊毛纤维在外力作用下，直至纤维断裂时所需的力，称为羊毛纤维的强度（强力）。羊毛纤维的强度用两种概念表示。

a.绝对强度：羊毛纤维在外力连续增加的作用下，直至断裂时所能承受的最大负荷，称为绝对强度，常以克或千克表示，现在国际上已统一用厘牛顿（CN）表示。

b.相对强度或单位强度：由于纤维粗细不同，绝对强度没有可比性，为了便于比较，将绝对强度折成规定粗细时的强度（单位强度）即为相对强度。毛纺上常用的相对强度是指纤维的细度为1旦尼尔粗细时所能承受的伸力（gf）。计算公式为：

$$相对强度（gf/denier）= \frac{伸力（gf）}{细度（denier）}$$

② 伸度 伸度是指将已经伸直的羊毛纤维，再拉伸到断裂时所增加的长度。这种增加的长度占毛纤维原来伸直长度的百分比，称为毛纤维的伸度。伸度也可用两个概念来表示。

a.绝对伸度：羊毛纤维受力的作用发生伸长，其长度增加之值，称绝对伸度，用毫米表示。

b.相对伸度：即断裂伸度（伸长率），为绝对伸长与纤维拉伸之前长度之比。

（5）弹性和回弹力 对羊毛施加外力（拉伸或压缩），使其变形，当外力去除后，能重新恢复原来形状的能力称为弹性。一般用弹性恢复率（％）来表示。羊毛恢复原来形状和大小的速度称为回弹力。

羊毛纤维的相对强度较其他天然纤维低，为什么羊毛织品能结实耐用呢？这就是羊毛纤维良好的机械性质的表现，其主要原因是毛纤维伸长率大，弹性恢复率高，能够承受一定的外力反复作用而不易伸长、起皱、疲劳和破裂，并能稳定地保持本身原来的形状，这就是羊毛织品经久耐用之道理所在。

（6）**缩绒性能**　羊毛在湿热条件下，经缩挤和机械力的作用，产生互相毡合的现象叫缩绒性（毡合性）。粗纺呢绒、毛毯、毡子等就是利用这种缩绒特性使织物紧密、绒面丰富、手感柔软，并使织物达到一定单位的重量，以增加织物的耐用性和保暖性。缩绒性是毛类纤维独具的特性。

毛纤维的鳞片是使羊毛产生缩绒性的重要原因。当羊毛互相接触时，在外力作用下，羊毛相互交叉移动，使锯齿形的鳞片相互啮合，加上纤维自然卷曲的作用，纤维相互缠绕，致使羊毛紧缩毡合。羊毛缩绒性的好坏常用羊毛摩擦系数来表示。因为羊毛的鳞片是有方向性的，从毛纤维根部向尖部摩擦和从毛尖部向毛根部摩擦之间存在着方向性摩擦效应，其差值愈大，羊毛的缩绒性愈强。

影响羊毛缩绒性能的主要因素有羊毛细度、温度、缩绒时间、缩绒剂的种类等。

（7）**光泽**　羊毛纤维的光泽是指羊毛反射与折射光线的性能，其强弱程度与反射面大小、角度、表面光滑度有关，是羊毛质量的重要指标之一。

羊毛的光泽，根据其对光线反射的强弱，可分为全光毛、银光毛、半光毛和无光毛4种。

① 全光毛：绵羊中的林肯羊毛、山羊中的安哥拉山羊毛（马海毛）均属于这种光泽。由于这类羊毛光泽好，故可制作具有特殊风格的产品，如银枪大衣呢、高级提花毛毯等。

② 银光毛：细羊毛属于这种光泽。这类羊毛能染成良好而鲜艳的色调。

③ 半光毛：罗母尼羊毛、杂交种羊毛、山羊毛均属于这种光泽。

④ 无光毛：无光毛大部分是粗死毛鳞片结构的天然反映，是羊毛品质差的表现。在加工洗涤不当时，也会损坏羊毛的光泽。

（8）吸湿性 羊毛纤维和周围大气之间总是不断地进行水分的交换。视周围大气中水分的多少，有时吸湿，有时放湿，有时吸收的水分等于放出的水分而达到吸湿平衡，羊毛的这种性能称为吸湿性。羊毛的吸湿性很强，当它吸收的水分达到本身重量的30％时，毛纤维的表面仍不感到潮湿。原毛在一般情况下的含水量可达15％～18％。吸湿性是羊毛纤维的重要特性之一，它对羊毛纤维的形态结构、产品性能和纺织工艺加工都有影响。

羊毛的吸湿性以回潮率与含水率表示：羊毛中所含水分占其毛样绝对干燥重量的百分数，称为羊毛回潮率；羊毛中所含的水分占其毛样大气干燥重量的百分数，称为羊毛的含水率。

假设 G_0 为毛样烘前重，G_1 为毛样烘后重，则

$$回潮率\ R = \frac{G_0 - G_1}{G_1} \times 100\%$$

$$含水率\ R = \frac{G_0 - G_1}{G_0} \times 100\%$$

中国现在主要采用回潮率这一指标。

二、羊皮的特性、品质评定及加工

（一）羊皮的特点和用途

羊皮是养羊业的重要产品之一。绵羊、山羊屠宰后从其身上剥下的鲜皮，未经鞣制以前称为"生皮"，经脱毛鞣制后叫"革"，生皮经鞣制而成的革皮，可制成多种制品用于各行业。

我国的绵、山羊品种中，有些品种就是专门以生产羔皮和裘皮为主的。

1. 山羊皮革的特点及其用途

山羊皮是制革工业重要的原料皮。按照山羊品种和用途，一般将山羊皮分为两类：一类是专门裘皮和羔皮品种山羊所生产的中卫山羊沙毛皮、青山羊猾子皮。此类山羊皮以其优美的花案、柔软的板质、独特的风格等特性成为我国出口创汇的优质制裘原料。另一类是普通山羊所生产的山羊板皮或山羊绒皮。山羊板皮强度高、张幅大，具有柔软、致密、轻便、排湿、防水、美观和便于加工等特点，除少数毛长绒多的皮张供作绒皮外，绝大多数均用于制革，是优质制革原料。

2. 绵羊皮革的特点及其用途

我国绵羊皮根据屠宰时的年龄和用途划分为羔皮、裘皮和老羊皮三类。

羔皮一般指从绵羊羔羊身上所剥取的毛皮。毛皮行业将羔皮分为两种类型。一种是由专门的羔皮品种羊所生产的羔皮，如湖羊羔皮。这种毛皮具有独特的花案，可供制做花纹奇特、美观的妇女翻皮大衣或皮帽、皮领和褥子。另一种是自然死亡或流产的羊羔皮，这种羔皮经鞣制，可制做皮背心、皮衣等。

凡是从生后 1 月龄左右羔羊身上剥取的毛皮叫裘皮。滩羊就是我国专用的裘皮绵羊。裘皮主要是用来制作面向里穿的衣物，用以防寒保暖。滩羊裘皮因重量轻、不粘结，被称为中国的裘皮之冠。

老羊皮是指从淘汰、病死的成年绵羊身上剥取的羊皮。这些普通绵羊皮由于质量差、价格低，只能用作一般用途。

（二）羊皮的组织学构造及化学组成

1. 羊皮的组织学构造

羊皮在屠宰时通常是带毛剥皮，因此原料皮在外观上可分为毛层（毛被）和皮层（皮板）两大部分。皮层的解剖学构造由外及里又分为表皮、真皮和皮下组织三层。在表皮层和真皮层之间有一层很薄的基底膜。

（1）表皮层　表皮层分角质层和生发层，角质层由一层或数层扁平细胞组成，生发层由圆柱状细胞组成（又分粒状层、棘状层和基底层）。表皮层的厚度随动物种类不同而异。表皮层在鞣制前应去除干净，否则会影响后继操作和产品品质。

基底膜由 4 型胶原和硫酸皮肤素等复杂组分组成。在硫化钠和碱以及酶的作用下基底膜会被破坏而除去。

（2）真皮层　真皮层是制革的主要部分，分乳头层（占真皮层厚的 1/5）和网状层（占真皮层厚的 4/5）两层，主要由胶原纤维、弹性纤维和网状纤维交织而成。乳头层和网状层一般以毛根底部的毛球和汗腺分泌部所在的水平面为分界线。上层为乳头层，下层为网状层。

① 乳头层：这层的表面与表皮的下层相互嵌合，呈乳头状，故称乳头层。又因含有可调节体温的汗腺和脂腺，故又称恒温层。乳头层表层由十分纤细、编织非常致密的胶原纤维构成，制成革后即为革的粒面，故又称粒面层，它是鉴别革的品种种类和革质量的主要部位。乳头层表层以下的乳头层上层，胶原纤维束细小，围绕着毛囊、脂腺、汗腺等迂回交织。靠近网状层下层的胶原纤维束逐渐变粗。

② 网状层：这层基本上由胶原纤维束构成，而且此层胶原纤维束比乳头层下层粗大，相互交织成立体网络结构，成品革的物理-机械强度，除了取决于生产方法之外，也取决于这层的发达程度及胶原纤维束编织状况。网状层愈发达，编织愈紧密的原料皮，物理机械性能愈高。

构成真皮层的蛋白质纤维有胶原纤维、弹性纤维和网状纤维，主要是胶原纤维。

① 胶原纤维：由原胶原分子形成，由于它在水中长时间熬煮

后生成皮胶，故称胶原纤维。胶原纤维不分支，但能形成纤维束。胶原纤维束在真皮中穿插交织，较粗的胶原纤维束有时分成几股较细的纤维束，这些较细的纤维束又和其他的纤维束合并成另一较粗的纤维束，如此不断地分而又合、合而又分，纵横交错编织成一种特殊的立体网络结构，构成真皮层。这种结构的编织类型和紧密度与动物的种类、性别、年龄、饲养条件、身体的部位有关。即使同一部位，处于不同层次，编织也不完全一样。胶原纤维占真皮蛋白质纤维质量的 95%～98%。

② 弹性纤维：是由弹性蛋白形成的可分支而不成束的细枝状纤维。它主要分布于乳头层，以及毛囊、脂腺、汗腺、肌肉和血管周围，真皮网状层分布很少，靠近皮下组织的网状层下层分布较多。弹性纤维具有很大的弹性，经水煮不会成胶，它在真皮层内含量虽少，但却起着支撑和骨架的作用。

③ 网状纤维：是分布于乳头层粒面表层和包围捆扎胶原纤维束的原纤维，它是由 3 型胶原构成的，对酸或碱的膨胀比胶原纤维小，但易受酶和石灰碱作用而松散。

判断胶原纤维束编织状况的一个指标是"织角"，即原料皮纵切面上大多数胶原纤维束的主要走向与皮面所成夹角。凡是胶原纤维编织紧密而织角较大的原料皮，其物理力学性能较好。织角太大或太小都会使原料皮的强度降低。

（3）皮下组织　此层由与生皮表面平行的、编织疏松的胶原纤维和一部分弹性纤维及大量脂肪细胞所组成。另外还有血管、淋巴管和神经组织以及脂肪锥等。皮下组织是动物皮与动物体之间相互联系的疏松组织，通常说的剥皮就是通过这一层将皮从动物身上剥下的。

皮下组织阻碍了皮内水分的蒸发，不利于生皮的保存，还阻碍了化学物质和鞣剂向真皮中渗透，不利于毛皮加工，因此这一层是制革工业上的无用部分，在鞣制的准备工序中被削除，但可作为制胶的原料。

2. 羊皮的化学组成

羊皮由蛋白质和非蛋白质组分构成。

（1）蛋白质组分　生皮蛋白质是制裘加工的直接对象。生皮蛋白质主要由纤维状蛋白质（包括胶原和角蛋白）和球状蛋白质组成。胶原是皮板的主体，占皮板蛋白质重量的80%～85%；角蛋白是毛被的主体；球状蛋白质是构成纤维间质的主体。

① 角蛋白　是表皮和毛的主要成分，不溶于水，对碱不稳定。在制革工业上，用石灰等碱性溶剂脱毛，可将毛及表皮脱去。

② 白蛋白和球蛋白　存在于皮组织的血液和浆液中，加热时凝固，易溶于弱酸、弱碱和盐的溶液中。白蛋白可溶于水中，在洗皮时可随水溶出；球蛋白不溶于水。

③ 弹性蛋白　不溶于水，也不溶于稀酸和稀碱，但可被胰酶所分解。在制革工业上可用胰酶除去此层，以增加革的柔软性和伸张性。

④ 胶原蛋白　是真皮层胶原纤维的主要成分，也是真皮层的主要蛋白质，不溶于水及盐水溶液，也不溶于稀酸、稀碱及酒精，但加热到70℃时变成明胶而被溶解。胶原蛋白是革的主要成分，生皮鞣制成革的过程，也就是胶原蛋白变性的过程。由于胶原蛋白经稀酸或其他鞣剂处理后，能保持革的柔韧、坚固等特性，所以在鞣制加工及贮藏期间应尽量避免其损失。

（2）非蛋白质组分

① 水分　皮的水分是动物生存所必需的，其含水量随动物种类、性别和老幼不同而异。幼皮较老皮含水量多，母畜较公畜的多。每张皮的不同部位的含水量也不一样，组织紧密的部位含水分少。

生皮中的水分主要是皮蛋白质所含有的。蛋白质的肽链上的极性基与水以氢键相结合，其水分子定向地排列在肽链上形成整齐的水分子层成为水合水（化合水）。它与一般水不同，失去了溶解其他物质的性能，它的蒸气压、凝固点和介电常数都比一般水要低，不能用一般干燥方法脱去，要在高真空、高温（100℃）和有干燥剂存在时，才可完全除去。

② 脂类　脂肪和类脂的总称。泛指动物或植物组织中能被乙醚、丙酮、氯仿、苯、石油醚等溶剂溶解的物质。生皮中的主要脂类有甘油三酯、磷脂、神经鞘脂、蜡、醇、脂蛋白、脂多糖等。

脂肪的组成是甘油酯，是动物组织和细胞中最丰富的脂类，在生皮中主要存在于游离脂肪细胞和皮下组织中。

构成动物脂肪的脂肪酸主要有肉豆蔻酸、棕榈酸、硬脂酸等饱和脂肪酸和油酸、亚油酸等不饱和脂肪酸。脂肪不溶于水，易溶于乙醚、氯仿、苯、热乙醇等有机溶剂中。碱皂化、酸水解和脂肪酶水解都能使甘油酯分解成甘油和脂肪酸。碱性水解得到甘油和酯。

生皮中的磷脂有卵磷脂、脑磷脂和神经鞘磷脂等。以卵磷脂含量最多，占磷脂总量的 60% 左右。磷脂是细胞膜的主要成分，在生皮中集中于表皮及乳头层。磷脂由甘油酯、磷酸和含氮碱组成。磷脂易溶于乙醚、氯仿、苯等溶剂中，不溶于丙酮。

蜡是高级脂肪酸与长链单羟基醇或甾的不溶性酯，加热变软，冷却后固化。毛蜡即羊毛脂，是羊毛醇与饱和脂肪酸的酯。蜡在生皮中的分布以表皮和乳头层为主。蜡微溶于乙醇、丙酮，在冷的乙醚、氯仿、苯等溶剂中溶解度不大。蜡可以水解、皂化，但比甘油酯困难得多。

③ 糖　糖是皮纤维间质的主要成分之一。不同种类、不同聚集的糖既可以独立存在，也可与蛋白质结合，形成糖蛋白质复合物。

单糖和低聚糖在生皮中含量不高，为鲜皮质量的 0.5%～1.0%。其中包括葡萄糖、半乳糖、甘露糖、氨基酸和唾液酸等。

单糖和低聚糖可以在组织中自由存在，也可通过糖苷键与蛋白质共价结合。低聚糖与蛋白质结合形成的复合物即糖蛋白。蛋白质是糖蛋白中的主要组成成分。

（三）羊皮的品质鉴定和分级

1. 羊皮的品质鉴定

羊皮，特别是山羊板皮，目前大多是淡干板，品质鉴定方法有许多特别的技术，而且经验性很强，例如弯曲法测弹性，弹皮听音法测厚薄，用油性、光泽判断皮板肥瘦，光照判伤残等。鉴别鲜皮，则可采用观色法：肥皮色深，瘦皮色浅；也可用手拉，肥壮板折纹少，而且粗宽，瘦板折纹多且细窄，瘦板还难以铺平，板越瘦其细纹越多，越展不平。

（1）皮板品质的鉴定　皮板品质分为板质良好、板质较弱和板质瘦弱三类。

板质良好：皮质肥厚或略薄，但厚薄必须均匀，板面细致，油性、分量较重，手感不僵，毛多平顺、有光泽。

板质较弱：皮板较薄。略显不均匀，板面稍粗，油性较小，回弹性差，毛长或稀短，色泽稍差。

板质瘦弱：皮板瘦薄且显著不均匀，弹性差，毛长或长短不一，颜色深暗，光泽差。

（2）伤残的鉴定　分自然伤残和人为伤残两类：自然伤残有疮疤、伤疤、疔疤、划刺伤、疥癣、痘疤等；人为伤残有淤血板、刀洞、描刀、破口、剪伤等。

（3）面积的测定　板皮的面积是以平展的干板皮为标准。测面积的具体方法是：从颈部中间至尾根量出长度；从腰间选适当部位，即能够代表全皮平均宽度的部位，量出宽度。长宽相乘，即为面积。但是如果收购鲜皮时，由于鲜皮在干燥时和盐腌过程中，面积要自然收缩，因此计算面积时，还要按照鲜皮回缩率适当扣减。

2. 羊皮的分级

（1）山羊板皮的分级 根据山羊板皮的质量、伤残和面积等情况可把山羊板皮分为以下几种情况。

一级：板质良好，可带绿豆粒大小伤痕一处，或边缘部位带黄豆粒大小伤残一处。

二级：板质较弱，或烟熏板、轻冻板、轻陈板、轻癞癣、钉板、回水板、死羊淤血板、土板、老公羊板，可带伤残不超过全皮面积 0.3%；具有一级皮板质，可带伤残不超过全皮面积 1%；或者有疗伤，痘疤，总面积不超过全皮面积 10%；制革价值不低于 80%。

三级：板质瘦弱，或冻糠板、陈板、较重疥癞板，都可带伤残不超过全皮总面积的 5%，具有一级皮板质，可带伤残不超过全皮总面积 25%，制革价值不低于 60%。

特级：具有一级皮板质，面积在 0.5 平方米以上，可带一级皮伤残。

等外级：凡不符合上述等内皮要求的定为等外皮。

（2）绵羊板皮的分级 绵羊板皮的分级前提为：宰剥适当，皮形完整，晾晒平展。

一级：板质良好面积在 0.55 平方米以上，可带黄豆粒大小伤残两处。

二级：板质较弱，或烟熏板、轻冻板、轻陈板，轻癞癣板、钉板、回水板、死羊淤血板都可带伤残不超过全皮面积 0.5%。具有一级皮板质，可带伤残不超过全皮面积 10%，制革价值不低于 80%，全皮面积都在 0.44 平方米以上。

三级：板质瘦弱，或冰糠板、陈板、较重癞癣板，都可带伤残不超过全皮面积 15%。具有一、二级皮板质，可带伤残不超过全皮面积 25%，制革价值不低于 60%，全皮面积都在 0.33 平方米以上。

等外皮：不符合等内皮要求的为等外皮。

（四）羊皮的初步加工

刚剥下来的鲜羊皮，一般不能直接送往皮革厂进行加工，需要保存一段时间，为了避免腐烂发霉，同时便于贮藏和运输，必须进行初步加工。羊皮的初步加工方法，主要有清理和防腐两个环节。

（1）清理 清理的目的是清除掉皮上残留的油脂、肉骨、粪便、杂质、污血等易引起皮张腐败的东西。清理时，用力不可过猛，以免损伤皮张。鲜皮如沾上血污，可用抹布拭去，不能用水清洗，以防形成"水浸皮"，影响皮板光泽。

（2）防腐 为保证皮板的品质，在清理完后，都要进行防腐处理，方法有以下几种：

① 晾晒法：其实质是利用空气干燥除去皮中大量水分，造成不利于细菌繁殖的条件，达到防腐目的。一般是将鲜皮悬挂在温度为 25～30℃、空气相对湿度为 40%～60% 的环境中，使其干燥到水分含量为 10%～15%，阻止细菌繁殖，以便达到防腐目的。

干燥防腐法的优点在于操作简单，成本低，皮板洁净。缺点则是干燥后的毛皮僵硬，容易折裂，贮藏时易受虫咬，干燥过度的生皮，加工、鞣制、浸水费时困难，因此，贵重的毛皮，应当用其他方法防腐。

② 盐腌法：将清理并经沥水后的生皮毛面向下，平铺在中心较高的垫板上，在整个皮板肉面上均匀涂擦食盐，然后在该皮上再铺上另一张生皮，同样处理。当铺开生皮时，必须把所有皱褶和弯曲部分拉平，头颈及尾部由于脂肪较多，应多加些盐。盐的用量一般为皮重的 15%～20%。腌过的毛皮，板面对板面叠起，经 2～5 天，待盐溶化后，再摊开阴干。

③ 盐渍法：在池槽或者木桶内放入 25% 的食盐溶液，然后将鲜皮浸泡在池内，经一昼夜腌制，其间应保持盐水温度在 5～15℃，

温度过低，盐液渗入毛皮缓慢；温度过高，容易腐败。在浸渍时，还应注意上下翻动毛皮数次，使盐水浸入毛皮充分、均匀。浸后取出的毛皮滴液48小时，再用鲜皮重20%～28%的食盐干腌后，能较长时间保存。

（五）羊皮的鞣制

鞣制的毛皮，皮质柔软，蛋白质固定，不再吸潮和腐烂，而且坚固耐用。羊皮的鞣制方法很多，大多是以鞣制所使用的药品的名称来命名。我国目前进行毛皮鞣制所采用的方法有十多种，主要有铬鞣制法、油鞣制法、混合鞣制法、明矾鞣制法和酸酵鞣制法等。山羊毛皮鞣制一般均需经过选皮、浸水、削里、脱脂洗皮、鞣制工序、整理工序等过程。根据鞣制方法的不同，其鞣制工序和整理工序的内容和操作步骤差别很大。现就我国目前生产上常用明矾鞣皮加工工序作如下简单介绍。

1. 准备

首先将待鞣制的毛皮软化，恢复鲜皮状态，然后清除皮下组织、脂肪等。工序如下：

（1）浸水 将毛皮放在清水里浸泡，一般每千克皮加水16～20千克，水温保持在15～20℃。温度过低，皮板吸水慢，时间长；温度过高，则细菌容易繁殖，引起皮板腐烂。在保证正常水量、水温条件下，干皮浸水1～2天，盐腌皮5～6小时。

（2）削皮 将浸好的毛皮，皮面向上平铺在半圆木上，用弓形刀刮去附着的残肉、脂肪等。为不损害毛根，在半圆木上先铺上一层厚布，再铺毛皮。弓形刀不宜太锋利，以防划破皮板。削完后，再用刀背排压一遍皮，使皮板油脂溢于表面，便于脱脂。

（3）脱脂 取肥皂3份、碳酸钠1份、水10份配成脱脂液。配制时将肥皂切成薄片投入水中煮开，待全部溶解后加入碳酸钠，溶解后放凉备用。

脱脂就是用脱脂液洗皮，除去皮中脂肪。脱脂时，先在水泥池或缸中放入皮重4～5倍的温水，再加入10%的脱脂液，继而投入削里后的毛皮，充分搅拌均匀，5～10分钟后重换一次洗液，再搅拌，直至皮上气味消失为止。一般2～3次即可脱尽脂肪，然后投入清水中漂洗，漂洗后沥尽脏水，再洗第二次，洗去绒毛中的皂沫。

2. 鞣制工序

首先取4～5千克明矾、3～4千克食盐、100千克水，用温水溶解配制成鞣制液。鞣制时，取湿皮重4～5倍的鞣制液放入池（或缸）内，投入漂洗沥水后的毛皮，充分搅拌。自第二天开始，早晚各搅拌一次，每次30分钟，浸泡7～10天。鞣制液水温最好保持在30℃左右。水温过低，不仅鞣制时间延长，而且皮质较硬。

鞣制结束，将毛皮肉面向外，叠成四折，在角部用力压尽水分。若折叠处呈白色、不透明，似海绵状，说明鞣制成功。而后用清水冲洗毛面，晾晒干燥。

3. 整理工序

整理工序包括干燥、加脂、回潮、刮软和整形等五个工序。

（1）干燥　鞣制好的毛皮，取出沥干水分，立即进行干燥。皮少可自然干燥。数量多成批加工的皮，应将皮板朝外晾晒，干至七成，再反过来晾晒毛面。自然干燥不能暴晒，否则皮板会因收缩过快而变硬。

（2）加脂　皮中原有脂肪在前几道工序中已被脱去，为了使成品具有柔软和伸展性，鞣制好的毛皮需要重新加脂。

脂液配制时，取蓖麻油1份、肥皂10份、水100份，肥皂切成碎片，加水煮开，待肥皂溶化后，将蓖麻油慢慢加入，使之充分乳化，即配制脂液成功。加脂时，将脂液涂于半干状态的毛皮板面上，然后两张毛皮板面对板面叠在一起，堆放一夜，第二天继续使之干燥。

（3）**回潮**　加脂干燥后的毛皮皮板仍然很硬，为了便于刮软，在板面上喷适当水分，即为回潮。为增加耐水性，可用毛刷在板面上涂少量的鞣液，而后把皮板相对重叠，并用塑料布包扎，压上石块，放置一夜，使其均匀吸收水分，然后进行刮软。

（4）**刮软**　回潮后的毛皮，将毛面向下铺于半圆木上，用钝刀轻刮皮板，纵横各刮一遍，再由中间向四边刮一遍，使其变软，面积扩大，并变成白色。

（5）**整形**　为了使皮板平整，将毛面向下，钉于木板上阴干，干燥后用砂纸将皮板面磨平，取下后用梳子把毛梳理光滑，剪去突出的长毛，使毛面平整。

第三节　其他副产品

一、羊胃的加工利用

（一）羔羊皱胃的用途

1～3日龄羔羊皱胃的凝乳酶和胃蛋白酶是制造干酪、酪素及医药工业的重要原料。据估算，制造1吨优质干酪，需要250克凝乳酶，而制造1克凝乳酶则需要100～110只羔羊的皱胃，干酪的质量在很大程度上有赖于对羔羊第四胃的加工。用第四胃还可以制作胃蛋白酶。

（二）皱胃的采集

皱胃的一端与第三胃（重瓣胃）相连，另一端和十二指肠相连，呈梨形。凝乳酶由分布在第四胃胃黏膜上的特殊细胞所产生，以靠近第三胃的皱胃底部产生的凝乳酶最多。其采集过程为：从刚宰杀的羔羊胃上，用刀把第四胃切下，其上残留一部分重瓣胃，然后切断和十二指肠的联系，并残留一小段，将取得的第四胃放入搪瓷盘中进行专门处理。

我国初生羔宰杀前，尽量让其吃足初乳，或强行用注射器（取掉针头）给待宰羔羊灌饱乳汁。宰杀后尽快割取充满乳汁的小胃，扎紧两头开口，若小胃中的乳汁不足，重量达不到 100 克以上时，可再向胃中灌入母羊初乳。扎紧两头开口后的小胃，挂在通风阴凉的地方，使其风干后出售。

（三）供制作凝乳酶的皱胃的初加工

要求是避免凝乳酶混入酸凝乳，小胃中尽量不留内容物。羔羊宰后立即取小胃送入单独的房间，除去内容物，把小胃中的大凝乳块从大切口挤出去，捏挤时不能用力过大。为防止影响小胃中凝乳酶的活性，绝对禁止用水洗涤和冲洗。用手小心地剥除小胃外面的血管、脂肪组织，注意勿伤其外膜。再用细绳把靠近第三胃的大切口扎紧，从小切口处用气压机或注射器打入压缩空气，同时扎紧小切口。打满气的小胃用细绳或夹子固定在 1.8～2.0 米长的细竹竿或木棍上（每竿挂 10～15 个小胃），彼此互不接触，细竿放在能搬动的晒架上。将放满小胃的晒架移入烘干室，室内应干燥，通气良好，温度不高于 35～38℃，连续烘干 2～3 天。在干燥时除注意加强通风外，并要驱除苍蝇和防止发霉，使小胃充分干燥，以防存放时质量大幅度下降。

干燥好的小胃，小切口处含的凝乳酶较少，可以放气，大切口端要尽量扎紧，以便将损失减到最低程度。干燥好的小胃要分类鉴定，按类包装，每 25～50 个为一捆，用特制的机器压紧，细绳捆扎。

二、羊肠衣的加工利用

羊肠衣是绵、山羊的副产品之一。我国的肠衣资源丰富，而且品质较好。其特点是：不仅口径大小适宜，两端粗细均匀，颜色纯洁透明，而且肠壁坚韧，富有弹性，经高温熏、蒸、煮都不会破裂，用它制成的高级灌肠可以保持长时间不变质、不走味，在国际市场上深受欢迎。我国的羊肠衣多产于华北、东北、西北、西南等地。

肠衣不但适宜于灌制各种香肠、腊肠、灌肠，而且由于肠衣的弹性大、坚韧、拉力强、耐磨，还适于制作外科手术缝合线、各种弓弦、网球和羽毛球的拍弦及琴弦等。

肠衣在加工过程中分为原肠、半成品和成品三种。原肠指猪、牛、羊等的新鲜整套肠管，经过倒粪、串水、清洗等工序处理后，用作加工肠衣的原料肠即为原肠。半成品指原肠经漂浸、刮肠加工后，不分口径大小，加盐腌渍的半成品，以 5～10 根扎成一把，配成相当码数即为半成品。有的地方称为坯子、毛货、光肠。成品指半成品再经过验质、分路、量码、扎把、装桶等工序后，称为成品，即肠衣。

(一) 原肠的结构

宰羊时取出胃肠，及时扯除小肠上的网油，使之与小肠外层分离。然后摘下小肠，两个肠口向下，用手轻轻捋肠、倒粪、灌水冲洗干净即为原肠。

加工肠衣必须除去原肠肠壁上不需要的组织。羊的肠壁共分四层，即黏膜层、黏膜下层、肌肉层和浆膜层。黏膜层为肠壁的最内一层，由上皮组织和疏松结缔组织构成，在加工肠衣时被除掉。黏膜下层称为透明层，位于黏膜层下面，在刮肠时保留下来，即为肠衣。在加工肠衣时要特别注意保护，使其不受损伤。肌肉层位于黏膜下层外周，由内环外纵的平滑肌组成，加工肠衣时被除去。肠壁的最外层是浆膜层，加工肠衣时也被除掉。

（二）羊肠衣的加工

羊肠衣多为盐渍肠衣，其加工过程如下：

（1）浸泡漂洗 浸泡是在水缸或塑料桶内进行。首先把收购的原肠放入桶内，解开结，每根灌入少量水，然后每 5 根组成一把，放入清水中浸泡。1 份原肠 9 份水。用水应清洁，不可含有矾、硝、碱等物质。要求将原肠泡软，利于刮肠。冬季浸泡水温 30℃ 左右，夏季用凉水浸泡，春秋季水温在 25℃ 左右为宜，浸泡约 18～24 小时。浸泡温度低，需要时间长，浸泡温度高，需要时间短。浸泡时间过长或过短都不好，过长则原肠容易发黑，过短则不易刮下肠膜。浸泡期间每 4～5 小时换水一次。

（2）刮肠 将泡好的原肠取出，放在木板上用竹制刮刀或塑料刮刀刮制，或用刮肠机刮制。手工刮肠是一手按肠，一手持刮刀刮去不需要的黏膜层、肌肉层和浆膜，直至全根肠呈透明的薄膜。刮肠时用力要均匀，持刀平稳，避免刮破。遇到难刮的部位，可用刀背轻轻拍松后再刮。刮肠时要用少量水冲洗，否则黏度大，不易刮。

（3）灌水 刮好的肠坯用水冲洗。用自来水龙头插入肠管的一端灌水冲洗，同时检查有无破洞或溃疡、松皮、薄皮肠衣，或不净处等。如有不净处，要重新刮制。如有过大破洞等不符合要求部分，须割除。最后割掉十二指肠和回肠。

（4）量尺 经过水洗和灌水检查的肠坯，要进行量长度、配尺。每把羊肠衣的长度为 100 米，绵羊肠衣每把不能超过 16 节，山羊肠衣每把不得超过 18 节，每把合成节数越少越好，短于 1 米的肠衣不能用。不符合要求的肠衣可单独扎把，节数不限。量足尺码后，打结成把，沥干水分，以待腌肠。

（5）**腌肠**　将配足尺码打好把的肠衣散开，用精盐或专用盐均匀腌渍。每把用盐 400 克左右，一次腌透、腌匀。腌肠时，可将解开把的肠衣按顺序平铺在桶内，不得乱放。腌好后重新打把并放在竹筛内，沥出盐水。

（6）**扎把**　取出头一天沥出盐水的肠衣，即呈半干半湿状态的肠衣，进行扎把。至此工序的肠衣，称为半成品，又叫光肠、坯子。要求半成品或光肠品质新鲜，无粪便杂质，无破孔。气味正常，无腐败气味及其他异味。色泽白色或乳白色者为佳，青白色、黄白色和青褐色者次之。

半成品光肠可用大缸或水泥池贮存起来。入缸或入池前，须把容器刷洗干净，除去水，撒放精盐，然后将光肠一把把平铺在里面。用 24% 的熟盐卤浸泡。卤水要淹没肠衣 5 厘米左右。为避免肠衣上浮，上面可放置竹算子，再压放石块，加盖密封。贮存期间要定期检查，防腐保鲜。如发现卤水浑浊，应及时更换卤水，或及时加工处理。

（7）**漂洗**　将光肠放入清水浸泡漂洗数次，直至肠内外都洗净为止。漂洗时间夏季不超过 2 小时，冬季可适当延长，不得过夜。时间过长，容易变质。待肠壁恢复到柔软光滑时，便可灌水分路。

（8）**灌水分路**　灌水分路就是测量口径。将洗好的光肠灌入水，测量口径、检查和分路。如发现疵点，要及时处理。常见疵点有肠衣破损、盐蚀、粪蚀、刮不净、黑斑、黄斑、铁锈斑、紫筋、老麻筋、干皮、不透明、硬孔、沙眼、失去弹性等。硬孔似小米粒大小，沙眼为针尖大小。

羊肠衣的口径规格共分为 6 个分路：一路 22 毫米以上；二路 20～22 毫米；三路 18～20 毫米；四路 16～18 毫米；五路 14～16 毫米；六路 12～14 毫米。

（9）**配尺**　把同一分路的肠衣按一定的规格要求扎成把，要求每根全长 31 米，每 3 根合成一把，总长 93 米。每把节头总数不超过 16 个，每节不得短于 1 米。分路后成品必须及时配量尺码，做到当天产品当天量完，不得积压过夜，严防变质。

（10）腌肠及扎把　配尺扎把以后，要进行腌肠。腌肠时要分路进行，以免混乱。待沥干水分后再扎把，即为成品。扎把时要求除掉肠衣上过多的盐，剔除次品肠衣，扎把后肠头不得窜出。然后分路检验和包装。

三、羊血的加工利用

（一）血液的用途

羊的血液占其体重的 3.5%，是肉羊产品中数量比较大的副产品。在我国畜禽血液大多是被制成血粉，一般只能作为饲料用。要进行其他的利用，必须要把血浆、血细胞等成分进行分离。目前血液的利用主要在以下四个领域。

（1）医药用　从血液中分离出血液纤维蛋白，制成喷雾用泡沫状或涂在透明通气性胶带膜上，用于止血；用血液中分离出的血清白蛋白制成血浆粉末，用于涂抹在较大的外伤表面，起缓冲伤口的冲击和促进愈合的作用，作为外伤性处理用；血细胞粉末，是血液中分离出的红细胞成分，经过水解等处理后干燥成粉末状，再制成片剂的血红蛋白，用于治疗缺铁性贫血等疾病。

（2）食用　为防止血液的凝固，事先将有促凝作用的纤维蛋白除去，即为脱纤维蛋白血液，制成抗凝血液，可用于各种香肠的加工；冷冻血浆，可作为肉食品加工中火腿、香肠等的黏着剂；血浆粉末，用于蛋糕、面包及各种点心的营养性添加剂，以及啤酒工业中的澄清剂；血细胞着色剂，含有天然的红色色素（血红素），可作为各种食品的着色剂，同时，血红蛋白又是发泡剂和乳化剂。

（3）工业用　主要利用血浆成分和血细胞成分，开发成黏合剂、消化剂，化妆品中的填充乳化剂和工业用的脱色剂。

（4）农业及饲料用　主要形式有冷冻血粉、干燥血粉、发酵血粉等，用于动物的饲料添加剂或作肥料。

（二）血粉的加工

日晒法：将水泥晒池中凝固的血块（或倒入的凝血）摊成 5 厘米左右厚度，上面盖芦席，用脚在各处均匀踩踏，使席下血块变成如豆腐脑状，血水排出池外，将芦席揭开，日晒 2 小时左右，表面结成片状，用铲子每天翻转 5～8 次，一般夏季经 3 天，春秋季经 4～5 天即可晒干。晒干的血粉很脆酥，用手一捏即粉碎，将其用木棒打碎过筛即成紫黑色的血粉。

煮压法：将凝固的血液切成 10 厘米长短的方块，放入沸水中，血块入锅应立即使水停沸（以防血块散开损失）。约停 20 分钟，血块内部也变色凝结即可取出。放入厚布中包紧，在压榨机上压挤水分，然后取出搓散，放入木盘等容器中晒干，经 1～3 天即成。再磨细即成血粉。

发酵血粉：为一种新型的动物营养素，由日本发酵工业株式会社社长、藤田微生物研究所所长藤田博士发明。即每 1000 千克血液中加入 1000 千克谷物类饲料吸附，在充分搅拌后，接种 2 千克藤田橄榄菌种，装入发酵罐内，夏季按自然温度保持 20～25℃，入罐后 3～5 小时发酵，温度上升可达 35～38℃，经 48 小时发酵即可成熟，取出在 140～180℃热风下进行灭菌干燥，即得成品。发酵血粉的营养价值较高，可作为畜禽蛋白质营养补充料。

四、羊骨的加工利用

（一）骨的用途

骨及软骨组织主要由有机成分、无机成分和水分三部分组成。

各部分的含量及组成比例受骨的部位，动物的年龄、性别、生长状态等因素的影响而有较大的差别。目前，骨可有以下几种用途：

（1）**医疗用**　骨胶可制成各种医药品的胶囊。利用骨中的有机物和无机成分制成可被人体消化吸收的可溶性全骨复合体，用于预防和治疗骨质疏松症，治疗因缺钙引起的各种代谢性疾病。提纯骨中的成骨蛋白用于治疗骨质损伤。

（2）**食用**　羊骨可以开发成多种食品用材料。骨泥，用于肉产品加工的添加剂和面包、饼干等粮食制品的添加剂。骨提取液作为天然调味料。食用骨胶，作为各种点心、果冻等加工食品的添加剂或原料。食用骨粉，用于各种钙质强化食品、保健食品的添加剂或主原料。

（3）**工业用**　工业用骨胶是彩色胶卷的起色剂。骨胶体用于各种黏着剂、造纸、火柴、研磨纸及各种胶带。骨油是肥皂等化妆用品的原料，也用于润滑剂的制造。骨碳用作吸附剂及制糖业。

（4）**饲料和肥料**　包括饲料用的骨肉混合骨粉、蒸煮骨粉、脱胶骨粉以及肥料用的生骨粉。

（5）**其他用途**　骨进行干燥以后还可用于美术品、手工艺品等的加工。

（二）骨粉的加工

（1）**粗制骨粉**　将骨压成小块，置于锅中煮3～8小时，以除去骨上的脂肪。加工时，可结合水煮，将脂肪抽提，生产骨油和骨胶。将用水煮法提取骨油后的碎骨晾干，再放入干燥室或干燥炉中，以100～140℃的温度烘干10～12小时，最后用粉碎机将干燥后的骨头磨成粉状即为成品。只能作饲料用。

（2）**蒸制骨粉**　蒸骨粉为蒸汽法提取骨油后的骨质残渣，为原料经烘干而成。即将骨放入密封罐中，通入蒸汽，以105～110℃

温度加热。每隔 1 小时放油液一次，将骨中的大部分油脂排出，同时一部分蛋白质分解成为胶液，可作为制胶的原料。将蒸煮除去油脂和胶液的骨渣，干燥粉碎后即为蒸制骨粉。

五、其他脏器的利用

心、肝、脾、肺、肾等主要脏器，既可供人食用也可用作提取药物成分的原材料，当然也可以用作生产畜禽饲料的原料。

羊肝经卤煮可加工成卤羊肝，或与大米制成羊肝粥，或切成丝（条）状经炒制成羊肝，还可以煮熟后切片，制成凉食，营养极为丰富；羊肝还可以加工成肝宁片、提取肝铁蛋白（力勃隆）等药物。羊心可卤制成制品直接食用，也可与肝一起烹制菜肴。羊肾是火锅的上等原料，或烹制成爆炒腰花，或经加工制成卤制品，不仅色香味美，还具有滋阴壮阳的功效。由于羊胆汁含有近似于熊胆的药物成分，具有抗菌、镇静、镇痛、利胆、消炎、解热等功效，可加工成胆膏、胆盐供作医药原料，还可加工成人工牛黄等药物。

第四节　粪　便

一、羊粪的特性

羊粪是一种速效、微碱性肥料，有机质含量多，肥效快，适于各类型土壤施用。1 只羊 1 年约排粪 500 千克，1 只成龄羊 1 年排泄的粪、尿中所含的氮、磷、钾，可折成 33 千克磷酸铁、15.6 千克过磷酸钠和 10.2 千克硫酸钾。羊粪含有机质 24%～27%、氮 0.7%～0.8%、磷（P_2N_5）0.45%～0.6%、钾（K_2O）0.4%～0.5%。其有机质、氮的含量比猪粪、牛粪均高，肥分浓厚，是生产有机肥料的优质原料。

二、羊粪的潜在危害

（一）对人体健康的影响及危害

畜禽粪尿中的有害微生物、致病菌及寄生虫卵的肆意传播，给人类的健康甚至生命造成严重威胁。羊的布鲁氏菌病、传染性脓疱、破伤风、炭疽、血吸虫病和脑棘球蚴病等均是人畜共患病，这些疾病病原的载体主要是羊的排泄物。这些人畜共患病的病原体通过一定的途径，在一定的条件下可以感染人类，对人类造成极大的危害，而且羊粪释放的臭气会对人畜健康产生一定的危害。

（二）对空气的污染及危害

羊粪对空气的污染主要来自羊场圈舍内外和粪堆周围，主要包括粪尿有机物分解产生的恶臭、有害气体及携带病原微生物的粉尘。羊粪分解产生的恶臭物质和有害气体大多具有强烈的刺激性和毒性，恶臭通过神经系统引起应激反应，间接危害人和羊群。羊场的恶臭除直接或间接危害人畜健康外，还导致羊场周围生态环境恶化，引起羊群生产力降低，机体和神经内分泌功能、免疫力、代谢机能、健康状况等都受到不同程度的影响。特别是羊场环境卫生状况恶化，易引起羊群慢性中毒，导致羊群生产力的下降。

（三）对水体的污染及危害

水源在受到长期大量的羊粪尿污染时，可能造成水体中的许多病原微生物的滋生和寄生虫病的流行。水体被羊粪污染后导致富营养化，加之粪便本身有机物的厌氧分解，致使水的品质恶化，造成水生动植物死亡、腐烂、沉淀，污泥增多，给水的净化增加困难，还造成污染区水质恶化，导致水源污染不能利用。污染后富营养化水的表面颜色发黑，散发臭味，影响周边居民的身心健康。特别是粪便中病原微生物和寄生虫以水为主要传播媒介造成疾病传播，应该引起足够重视。

（四）对土壤的污染及危害

粪便污染土壤的主要形式是通过粪便中有机物分解产物和粪便中的病原微生物、寄生虫污染土壤。进入土壤的粪便及其分解产物超过土壤本身的自净能力时，引起土壤的组成和性状发生改变，从而破坏土壤原有的功能，造成对土壤的污染。

三、粪便的处理与利用

羊粪属于有机肥料，应用羊粪培养的作物属于绿色环保产品，同时羊粪也可以能源化利用。

（一）肥料化利用

肥料化处理的主要方式是堆肥处理，即将粪便集中堆积在一起，加入适量的高效发酵微生物调节粪便中的碳氮比，然后通过控制水分、温度及酸碱度进行发酵。

利用羊粪制作有机肥料的过程如下。①调整碳氮比：发酵微生物繁殖需要的碳氮比一般要求（25：1）～（35：1）。羊粪的碳氮比随着采食草料的程度不同有所变化，一般为（25：1）～（30：1），可以直接发酵，但一般建议添加一定量的农作物秸秆，既可降低含水量，又可适当微调碳氮比，加快发酵速度。据报道，羊粪和小麦秸秆按质量比9：2堆肥的腐熟速度比纯羊粪提高了1倍。②调整水分含量：一般要求堆肥的起始含水率为60％左右，可通过手抓物料成团无水滴，松手即散来大致判断。将调整好水分的羊粪、秸秆混合物堆积起来，一般料堆高度在1.5米左右、宽度2米左右、长度2～4米为宜。当环境温度在15℃以下时，可用薄膜或草帘等

覆盖。发酵过程温度宜控制在 55～65℃，但最高温度不宜高于
75℃，温度过高时，可以通过翻堆、通风等方法进行调节。此外，
也可添加菌种加快腐熟过程。一般情况下，当堆温降低、物料疏
松、无物料原来的臭味、稍有氨气味、堆内产生白色菌丝时即完全
腐熟。

（二）能源化利用

羊粪能源化利用主要是用来产生沼气。在一定的温度、湿度、
酸碱度和碳氮比等条件下，羊粪有机物质在厌氧环境中，通过微生
物发酵作用可产生沼气，参与沼气发酵的微生物的数量和质量与产
生沼气的质和量关系极大。一般在原料、发酵温度等条件一致时，
参与沼气发酵的微生物越多，质量越好，产生的沼气越多，沼气中
的甲烷含量越高，沼气的品质也越好。利用羊粪有机物经微生物降
解产生沼气，同时可杀灭粪水中的大肠杆菌、蛔虫卵等。沼气可用
来供热、发电，发酵的残渣可作农作物的肥料，因而生产沼气既能
合理利用羊粪，又能防止污染环境，是规模化羊场综合利用粪污的
一种最好形式。

参 考 文 献

[1] 陈宗刚，陈文忠. 小尾寒羊的圈养、繁育与疾病防治技术. 北京：科学技术文献出版社，2011.

[2] 刁其玉. 中国肉用绵羊营养需要. 北京：中国农业出版社，2018.

[3] 冯仰廉. 反刍动物营养学. 北京：科学出版社，2004.

[4] 傅润亭，樊航奇. 肉羊生产大全. 北京：中国农业出版社，2004.

[5] 黄永宏. 肉羊高效生产技术手册. 上海：上海科学技术出版社，2003.

[6] 刘俊伟，魏刚才. 羊病诊疗与处方手册. 北京：化学工业出版社，2011.

[7] 卢德勋. 系统动物营养学导论. 北京：中国农业出版社，2016.

[8] 马玉忠，金东航. 羊病防治新技术宝典. 北京：化学工业出版社，2017.

[9] 毛怀志，岳文斌，冯旭芳. 绵、山羊品种资源及利用大全. 北京：中国农业出版社，2006.

[10] 王成章，王恬. 饲料学. 3版. 北京：中国农业出版社，2014.

[11] 王金文. 小尾寒羊种质特性与利用. 北京：中国农业大学出版社，2010.

[12] 王艳丰，张丁华，李鹏伟. 羊健康养殖与疾病防治宝典. 北京：化学工业出版社，2020.

[13] 旭日干. 中国肉用型羊主导品种及其应用展望. 北京：中国农业科学技术出版社，2016.

[14] 杨凤. 动物营养学. 北京：中国农业出版社，2004.

[15] 尹长安. 肉羊育肥与加工. 北京：中国农业出版社，2001.

[16] 岳春旺，魏红芳. 肉羊养殖新概念. 北京：中国农业大学出版社，2010.

[17] 张英杰. 羊生产学. 北京：中国农业大学出版社，2010.

[18] 张居农. 高效养羊综合配套新技术. 北京：中国农业出版社，2001.

[19] 赵有璋. 羊生产学. 3版. 北京：中国农业出版社，2011.

[20] 郑中朝，白跃宇，张雄. 新编科学养羊手册. 郑州：中原农民出版社，2002.

[21] 朱奇. 高效健康养羊关键技术. 北京：化学工业出版社，2021.

[22] 毕晓丹，储明星，金海国，等. 小尾寒羊高繁殖力候选基因 ESR 的研究. 遗传学报，2005(10)：1060-1065.

[23] 才仁措. 影响肉羊养殖效益的关键因素分析. 今日畜牧兽医，2019，9：50.

[24] 董淑霞，康静，王永军，等. 草原优良新品种——呼伦贝尔羊简介. 畜牧兽医科技信息，2010(3)：104-105.

[25] 郭慧慧，李俊. GDF9、BMP15 基因与绒山羊产羔率的关系及作用机制研究进展. 黑龙江畜牧兽医，2020(19)：41-45.

[26] 耿琦，姜胜，李晶晶，等. 基于 NET 技术的动物疾病管理与追溯信息系统开发. 中国兽医杂志，2014，(6)：95-97.

[27] 何东健，孟凡昌，赵凯旋，等. 基于视频分析的犊牛基本行为识别. 农业机械学报，2016，9：294-300.

[28] 纪滨，朱伟兴，刘波，等. 基于脊腹线波动的猪呼吸急促症状视频分析. 农业工程学报，2011，27(01)：191-195.

[29] 贾建磊，陈倩，靳继鹏，等. 绵羊 BMPR1B 基因真核表达及产物互作蛋白的鉴定. 生物技术通报，2019，35(12)：94-104.

[30] 姜怀志，马志华，付殿国. 乾华肉用美利奴羊新品种种质特性的研究. 中国畜牧杂志，2018，54(1)：47-50.

[31] 焦盼德，贺成柱，杨军平. 奶牛智能推料机器人的研制. 中国农机化学报，2018，39(1)：74-77.

[32] 李军，金海. 2018 年肉羊产业发展概况、未来趋势及对策建议. 2019，55(03)：138-145.

[33] 李军，金海. 2019 年肉羊产业发展概况、未来趋势及对策建议. 2020，56(03)：160-166.

[34] 李军，金海. 2020 年肉羊产业发展概况、未来趋势及对策建议. 2021，57(03)：223-228.

[35] 李强，潘林香. 鲁中肉羊新品种培育经历及应用. 中国畜禽种业，2020(12)：100-101.

[36] 李文杨. 羊粪污染防治措施及无害化处理技术. 中国畜牧业，2014(14)：55-56.

[37] 林峰，陈玉霞，王凤云，等. 不同处理方法对波尔山羊杂交羊同期发情效果的影响. 河南农业科学，2009(08)：140-141.

[38] 刘冬，赵凯旋，何东健. 基于混合高斯模型的移动奶牛实时提取方法. 农业机械学报，2016，47(05)：288-294.

[39] 刘龙申，沈明霞，柏广宇，等. 基于机器视觉的母猪分娩检测方法研究. 农业机械学报，2014，45(03)：237-242.

[40] 刘涛. 山羊的人工授精技术. 畜禽业，2021，32(04)：25-26.

[41] 吕潇潇，罗保华，敖永平，等. 草原短尾羊×呼伦贝尔羊杂交一代羔羊与呼伦贝尔羊羔羊尾型对比分析. 中国草食动物科学，2019，39(1)：74-75.

[42] 马志华，姜怀志，马龙，等. 乾华肉用美利奴羊新品种选育初报. 中国草食动物科

学，2016，36(1)：12-15.

[43] 田秀娥，王永军，马保华，等. hMG 与 FSH 配合孕激素对多浪羊同期发情比较研究. 中国畜牧杂志，2010，46(19)：34-36.

[44] 田志龙，王玉琴，储明星. 绵羊多羔候选基因的研究及应用进展. 中国草食动物科学，2018，38(03)：43-48.

[45] 王风春. 肉羊引种的注意事项. 畜牧兽医科技信息，2019，7：54.

[46] 魏红芳，赵金艳. 羊超数排卵的方法及影响其效果的因素. 黑龙江畜牧兽医，2010(01)：53-54.

[47] 温长吉，王生生，赵昕，等. 基于视觉词典法的母牛产前行为识别. 农业机械学报，2014，45(01)：266-274.

[48] 吴诗，赵晓亮，姜勋平. 中国绵羊品种资源管理系统设计与实现. 中国草食动物科学，2012，(8)：142-145.

[49] 熊本海，蒋林树，杨亮，等. 奶牛饲喂自动机电控制系统的设计与试验. 农业工程学报，2017，33(7)：157-163.

[50] 闫秋良，武斌，金海国，等. 影响绵羊排卵率候选基因的最新研究进展. 黑龙江畜牧兽医，2017(15)：78-80.

[51] 张鲁杰. 羊粪发酵生产有机肥料技术. 山东畜牧兽医，2018(1)：87.

[52] 赵东文. 绵羊引种的技术要点. 吉林畜牧兽医，2019，7：50-51.

[53] 赵凯旋，何东健. 基于卷积神经网络的奶牛个体身份识别方法. 农业工程学报，2015，31(05)：181-187.

[54] 赵书民. 规模化羊场的合理建设及防疫体系的建立. 今日畜牧兽医，2018，9：50.

[55] 查丽莎. 孕酮受体基因、类固醇 21-羟化酶基因多态性及其与绵羊产羔数关系. 安徽农业大学，2010.

[56] 李洋静. 海门山羊肉品质指标特性的研究. 扬州大学，2010.

[57] 廉画画. 超球体多类支持向量机在肉羊疾病诊断专家系统中的应用研究. 北方民族大学，2012.

[58] 刘海朝. 山羊管理信息移动应用系统的设计与开发. 四川农业大学，2018.

[59] 宋林鹏. 农业企业的技术需求智能诊断系统研究与实现. 中国农业科学院，2020.

[60] 尚凤娇. 羊用撒料试验台设计与试验. 石河子大学，2016.

[61] 张德成. 集约化肉羊生产场计算机信息管理系统的研制. 西北农林大学，2005.

[62] 羊肉分割技术规范：NY/T 1564-2007.

[63] 攻坚克难 18 载河南省育出肉羊新品种——黄淮肉羊. www.dxumu.com. 2021.

[64] 基于卷积神经网络的奶牛个体身份识别-知乎. https://zhuanlan.zhihu.com/

p/25816559.

[65] 基于视频分析的动物行为识别-知乎. https：//zhuanlan. zhihu. com/p/42425732.

[66] 中国羊业网. 品种介绍.

[67] RFID 技术在畜牧养殖业的发展趋势-知乎. https：//zhuanlan. zhihu. com/p/149353002.

[68] Cueto MI, Bruno-Galarraga MM, Fernandez J, et al. Addition of eCG to a 14 d prostaglandin treatment regimen in sheep FTAI programs. Anim Reprod Sci, 2020, 221.

[69] De K, Kumar D, Sethi D, et al. Estrus synchronization and fixed-time artificial insemination in sheep under field conditions of a semi-arid tropical region. Trop Anim Health Prod, 2015, 472(2), 469-472.

[70] Li X, Li H, Jia L, et al. Oestrogen action and male fertility: experimental and clinical findings. Cellular and Molecular Life Sciences, 2015, 72(20), 3915-3930.

[71] Nasirahmadi A, Richter U, Hensel O, et al. Using machine vision for investigation of changes in pig group lying patterns. Computers and Electronics in Agriculture, 2015, 119: 184-190.

[72] Olivera-Muzante J, Gil J, Viñoles C, et al. Reproductive outcome with GnRH inclusion at 24 or 36h following a prostaglandin F2α-based protocol for timed AI in ewes. Anim Reprod Sci, 2013, 138(3-4), 175-179.

[73] Porto S, Arcidiacono C, Anguzza U, et al. The automatic detection of dairy cow feeding and standing behaviours in free-stall barns by a computer vision-based system. BIOSYSTEMS ENGINEERING, 2015, 133: 46-55.

[74] Santos-Jimenez Z, Guillen-Gargallo S, Encinas T, et al. Use of Propylene-Glycol as a Cosolvent for GnRH in Synchronization of Estrus and Ovulation in Sheep. Animals, 2020, 10(5): 897.

[75] Tsai D M, Chiu W Y, Lee M H. Optical flow-motion history image (OF-MHI) for action recognition. SIGNAL IMAGE AND VIDEO PROCESSING, 2015, 9(8): 1897-1906.

[76] Viazzi S, Bahr C, Van Hertem T, Schlageter-Tello A, et al. Comparison of a three-dimensional and two-dimensional camera system for automated measurement of back posture in dairy cows. Computers and Electronics in Agriculture, 2014, 100: 139-147.